三峡水库库岸斜坡变形时变特征

童广勤　胡兴娥 等◎编著

中国三峡出版传媒
中国三峡出版社

图书在版编目（CIP）数据

三峡水库库岸斜坡变形时变特征 / 童广勤等编著 .—北京：中国三峡出版社，2017.7

ISBN 978-7-80223-993-7

Ⅰ.①三… Ⅱ.①童… Ⅲ.①三峡水利工程—水库—斜坡—构造变形—研究 Ⅳ.①TV697.3

中国版本图书馆 CIP 数据核字（2017）第 122931 号

责任编辑：王　杨

中国三峡出版社出版发行

（北京市西城区车公庄大街 12 号　100037）

电话：（010）57082645　57082652

http：//www.zgsxcbs.cn

E—mail：sanxiaz@sina.com

北京画中画印刷有限公司印刷　新华书店经销

2017 年 7 月第 1 版　2017 年 7 月第 1 次印刷

开本：787×1092 毫米　1/16　印张：10.75

字数：196 千字

ISBN 978-7-80223-993-7　定价：128.00 元

《三峡水库库岸斜坡变形时变特征》

编委会

主　　编：童广勤　胡兴娥

参　　编：刘　星　向　欣　童　航　马增翼

冉瑞飞　汪文元　孙燕平

前　言

根据国内外资料统计分析，无论是岩质库岸还是土质库岸，水库蓄水均可能导致其稳定性不同程度的恶化乃至失稳。如法国的马尔帕塞（Malpasset）薄拱坝、意大利的瓦依昂（Vajont）水库、美国大古力水库、北美洲206座土石坝工程等；国内如凤滩、柘溪、东江、白渔潭等大型水库，均在水库蓄水后出现岸坡变形破坏事件。上述因蓄水后引起岸坡变形或失稳的问题引起了世界各国水利工作者的高度重视，甚至成为确定工程建设规模或决定工程能否建设的重要因素。

三峡水库自2003年6月蓄水以来，至2014年12月成功蓄水到175m并已试验性蓄水运行6年，三峡库首河段水位较蓄水前提升110m左右，水位年变幅30m。据调查表明，三峡库岸斜坡体内地下水位的大幅度升高，导致其地下水渗流场发生了相当大的变化；同时，斜坡岩土体的物理力学性能因水-岩作用而降低。上述原因引起了库岸斜坡稳定状态的调整，除塌岸外，一些大中型古滑坡体也出现过较明显的变形迹象，如干流上的野猫面、砚包、老蛇窝、树坪、白水河、范家坪、大坪、黄腊石等，支流上的八字门、卡子湾、三门洞等均有明显变形。

水库斜坡库岸变形演化是个复杂而漫长的过程，尽管国内外就三峡水库库岸稳定问题开展了大量研究工作，但定量化评价水库蓄水影响库岸的范围、方式、程度、时限以及其时变的趋势，尤其是蓄水后水库岸坡变形的活动程度与蓄水前相比，其活跃性程度如何？强多少？目前还没有统一的评价指标和分级评价体系，使地质灾害活跃程度评价缺乏工作的程序及依据。

鉴于上述库岸斜坡变形的事实，并得益于本书作者们工作关系的缘故，本书作者们历经20年，对三峡水库坝址—牛口河段库岸斜坡工程地质条件进行了深入研究，对水库自1980年以来至2014年12月库岸斜坡变形进行了翔实调查，基于数理统计与工程地质分析原理，分析了斜坡变形随水库蓄水、降雨的时空分布的关系与演化过程，根据其变形的外观表征与水库、降雨耦合的时空联系，将其影响因素分为外动力因素、内在因素及其他因素，并模拟了斜坡变形随外界因素变化的响应时变过程。在上述研究工作的基础上，对水库区域性地质灾害活动程度评价的指标如点密度、地形改变率、面积比进行了对比研究，提出了活跃性强度指数概念，并建立了基于活跃性强度指数的水库地质灾害活动程度评价体系，对三峡水库蓄水至今的水库库岸斜坡的地质灾害活动进行了评价并划分为5个阶段；最后，对典型滑坡变形过程进行剖析，具体分析水库斜坡变形时变过程，并根据时变曲线特征将水库斜坡变形分类。

提请读者注意的是，书中许多研究内容只是一个初步探索或研究的边界条件，比较粗糙，例如因三峡库水地质灾害防治工作的实施，部分因水库蓄水而可能变形的斜坡得以提高了稳定系数而未变形，因此变形斜坡受到人类工程活动的干扰，导致其调查与统计存在一定偏差。因此，下阶段有必要对已经实施治理工程的斜坡逐个分析在蓄水条件下变形的可能性等，按工程实施的时间及当时的蓄水阶段纳入相应阶段的数据库，力求还原水库斜坡变形在非人类干扰条件下的时变过程。

本书对水库地质灾害活跃性评价体系研究时，以三峡库区已经发生的地质灾害活跃程度为背景进行阶段划分与标准体系的建立，其阶段划分与评价体系符合三峡水库，但其地质灾害活跃性的上下峰值是否为水库库岸斜坡变形的标准极值，还有待与其他水库库岸斜坡变形的数据进行对比，进一步完善此体系并推广到水库库岸斜坡变形的一般性规律。

总之，本书的出版，作者们只希望为水库斜坡变形的研究起到一个抛砖引玉的作用，其后续需要更多专家、学者和工程师深入探究，并结合具体工程实践进一步完善。

本书的研究得到三峡枢纽建设运行管理局、中国地质大学（武汉）、哈尔滨工业大学、三峡大学、长江设计院及湖北秭归地灾防治中心的多位教授和领导的支持与关心，中国长江三峡集团公司对本书的出版给予了资助，在此一并表示感谢。

限于作者水平，书中难免存在疏误之处，敬请广大读者批评指正。

著者

2017年5月24日

目　录

1 绪 论

1.1 问题的提出

根据国内外资料统计分析，无论是岩质库岸还是土质库岸，水库蓄水均可能导致其稳定性不同程度的恶化乃至变形或失稳。如法国的马尔帕塞（Malpasset）薄拱坝，1959 年（蓄水后 5 年）由于左坝头沿片麻岩中的绢云母页岩发生滑动，导致坝体破裂而失事；意大利的瓦依昂（Vajont）水库，1963 年 10 月 9 日晚（蓄水后 3 年），大坝附近 2 亿多立方米的山体迅速下滑填满水库，造成 2600 人死亡[1]；1942～1953 年，美国大古力水库运行 5 年时间内，引发了约 500 处岸坡失稳[2]；据美国陆军工程师团 Middlebrooks T. A. 对北美洲 206 座土石坝工程发生的事故调查，在大坝设计寿命内共计发生 400 余起事故，事故类型分为洪水漫顶、渗透破坏、滑坡和沿管道渗漏等，其中水库斜坡变形破坏事件约 100 起，约占事故总数的 25%[3]；国内如凤滩、柘溪、东江、白渔潭等大型水库，均在蓄水后出现过库岸斜坡变形、破坏事件[4]。上述因蓄水引起的水库库岸斜坡变形（或失稳）的问题引起了决策者与工程师的极大重视，甚至成为决策工程成立与否及建设规模极为重要的依据之一，水库库岸斜坡稳定及防护与水坝主体工程研究亦处于同等的重要地位。

水库蓄水后，因地质环境变化而导致库岸斜坡岩土体的物理化学性质与水动力等条件变化是诱发（或新生）地质灾害，如滑坡、塌岸、崩落等的重要原因。就河道型水库岸坡而言，水库蓄水前，岸坡岩土体历经长江水流的作用，基本处于一种相对动态平衡状态，并形成与之相适应的稳定坡形；随着水库的蓄水，水库蓄水位达到岸坡历史上或相当长时间内不受江水影响的地带，岸坡受库水长期浸泡、风浪冲击、库水位周期性的涨落产生的侵蚀与干湿交替的影响，涉水岸坡岩土体产生劣化效应，黏聚力及抗剪强度降低；另外，水库蓄水必然会引起库岸斜坡体内地下水渗流场及压力的变化。上述情况的产生不可避免地打破了既有涉水库岸的动态平衡状态，可能诱发岸坡变形或破坏，如滑坡、塌岸、崩塌等。

三峡库区山高谷深，地势险峻，暴雨洪水频繁，自古以来就是崩塌、滑坡等地质灾害的多发区域，地质灾害发生的强度、频度和密度之大由来已久。据国土资源部2003年调查统计资料，三峡库区两岸在海拔600米以下范围内，已发生的崩塌、滑坡达4664处。仅1982年至2002年的20年间，三峡库区所在江段就发生重大崩塌、滑坡73处（年平均3.6处），如云阳鸡扒子滑体（1982年）、秭归新滩滑坡（1985年）、秭归县马家坝滑坡（1986年）、巴东县城二道沟东侧滑坡（1995年）及三道沟西侧滑坡、巴东白岩沟西侧山体滑坡与鲁家湾冲沟泥石流（1998年）、重庆巴南麻柳咀滑坡（1998年）、云阳凡水村滑波（1998年）、巫山锁龙村滑坡（1998年）、巫山县老城区登龙街滑坡（1999年）等，不仅造成巨大经济损失，还给当地人民生产生活带来严重困难。

三峡水库正常蓄水位175m，高于建坝前坝址水位约110m左右，水位年变幅度30m，其必然导致水库库岸斜坡地下水位的大幅度升高，相应的地下水渗流场也会发生相当大的变化及库岸岩土体物理力学性能的降低，从而引起库岸稳定状态的调整。除塌岸外，一些大中型古滑坡也出现过较明显的变形迹象，如干流上的野猫面、砚包、老蛇窝、树坪、白水河、范家坪、大坪、黄腊石等，支流上的八字门、卡子湾、三门洞等均有明显变形。2003年，三峡库水位抬升至135m后不久，在三峡库区支流发生了千将坪大型顺层岩质滑坡。水库蓄水如果引发库岸斜坡变形或破坏，影响主要体现在三个方面：其一，大量的岩土体物质进入水库，侵占了有效库容；其二，若斜坡失稳呈高速进入水库，其可能形成的涌浪或可影响航道及水电站的正常运行（见表1-1）；其三，库岸失稳危及库区城镇、交通设施的安全运营和库区人民生命财产的安全。与三峡大坝兴建随之而来的是库区新建了大量新城镇，这些新建城镇均位于182～350m高程左右，且大部分临近水库，在一定程度上扰动了原有地质环境的平衡状态。如奉节新县城所在的宝塔坪至三马山沿库岸地带，云阳新县城所在的双江镇，万州市的五桥、周家坝新区，丰都新县城所在的名山镇，长寿新迁区的黄角湾小区等，均存在不同程度的岸坡稳定问题。库区交通道路一般在182～190m高程左右，新建道路扰动了库岸边坡，同时，岸坡的变形破坏也危及交通的安全。

表 1-1 三峡库区主要滑坡体如果滑移入江时涌浪计算表

滑坡名称	影响地点	首浪高度（m）			
		1/8 体积入江		1/11 体积入江	
		135 水位	175 水位	135 水位	175 水位
黄腊石	巴东	38～75	33～65	38～50	33～50
作揖沱	巴东	20～44.8	9.8～38	17	8.4
曹家湾	巫山	49～61	35～50	41	30
向家湾	巫山	40～50	34～41	42	34
茨草沱	奉节	25～44	8.4～38	41	21.6
裂口山	云阳	14	10	15	12
洞　子	万州	8.2	4	7.5	6.9
涪陵王爷庙	长寿	7.4	3.6	6.3	3.0

当前，尽管国内外就三峡水库库岸稳定问题开展了大量研究工作，但对水库蓄水影响库岸的范围、方式、程度、时限以及时变的趋势，尤其是蓄水后水库岸坡变形的活动程度与蓄水前相比，其活跃程度如何？强多少？目前还没有定性的评价指标和分级评价体系，使得水库蓄水库岸斜坡变形导致的地质灾害活跃程度评价缺乏工作的程序及依据[5]。

本书以三峡库区库首段斜坡为研究对象，具体为三峡水库坝址到秭归牛口河段及两岸第一分水岭区间受三峡库水影响的岸坡，在详细阐述库首段斜坡灾害发育特征、库岸斜坡类型等的基础上，利用工程地质分析原理及统计分析方法，研究水库蓄水后库首段岸坡变形（或破坏）随水库水位运行的发生规律及时变趋势，建立库水作用下河道型水库岸坡变形评价指标及分类体系，对影响时限进行预测研究并合理评价蓄水对水库岸坡的影响。

1.2 水库库岸斜坡变形机理

自 1964 年缪勒（L. Müller）先生发表了第一篇有关瓦依昂滑坡的文献，尤其是 1985 年召开的大坝失事国际研讨会，缪勒[6]分析了滑坡的形成机制、滑坡高速运动的原因及水库滑坡的监测与预报等问题以来，国内外工程师与技术人员开始高度关注水库蓄水引发的库岸稳定性问题，并分别从不同的角度进行了多方位研究。

20世纪中叶，苏联 A. M. O. Bynhhnkob[7]提出了“WRI”（水-岩相互作用）的概念，该概念本质亦指岩土体与地下水在共生环境条件下，两者之间会连续发生“物化”反应，其状态也会不断调整和变化以适应环境。

随着中国经济的高速发展，国内对能源的需求日益增大，作为清洁能源的首选——水电开发得到高度重视，水电工程建设规模与速度得到了极大提高，但随之而来产生了一系列问题，尤其是库区斜坡稳定性问题备受关注。当前，对于水库库岸斜坡的时变研究，主要从以下几个方面进行与开展：其一，水库斜坡变形的机制；其二，斜坡变形与水库蓄水的关联性，降雨与斜坡变形的关联研究亦包含其中；其三，对于水库蓄水引发的区域性斜坡变形评价，如风险与灾情的评估。上述研究内容，其实质是对水库斜坡变形的全过程的研究，亦按照变形机理、变形影响因素（主要关心的问题是水）与变形的时限及演化进程这一思路在进行。

从水库蓄水影响上来讲，王思敬等[8]对水-岩作用进行过深入研究，认为水-岩相互作用主要有以下几种：岩土软化、渗压效应、渗透潜蚀、水力冲刷与岩土失水固结、干裂和崩解等。王士天[9]等对水-岩（土）相互作用及其环境效应开展了研究，其研究表明在水库的建设和运行过程中，由水-岩（土）相互作用导致的灾变地质作用强度高、时间长；水-岩（土）相互作用效应主要为软化、泥化、潜蚀、孔隙水压力或悬浮减重及动水压力作用，其结果是导致库岸地带发生塌岸和滑坡，但其未对水-岩作用的影响进行定量分析。

基于上述水-岩（土）作用效应，库水对岸坡土体产生的浸泡软化作用、流水作用、浪蚀作用、浮力减重和动水压力作用等，不同程度地降低了岸坡的稳定性，已成为地质灾害界在水对滑坡作用中的一个共同认识。魏进兵[10]对水位涨落诱发水库滑坡的机制进行了研究，认为库水位对滑坡稳定性的影响主要体现在滑坡体有效应力和滑坡滑带土抗剪度的降低及渗透压力的增加。

P A Lane，D V Griffiths[11]认为水库蓄水产生的浮托效应是重要的，其降低了斜坡阻滑段的抗力，从而导致斜坡稳定性下降而变形失稳。刘才华[12]和朱冬林[13]等则认为水位骤降产生的动水压力是斜坡稳定性降低的重要原因。吴敏杰[14]刚开展对特大型水库运行期间库岸斜坡所处地质环境恶化效应的研究。马水山等[15]则发现水库蓄水对岸坡地质环境影响的水力学效应、材料力学效应与化学效应。仵彦卿[16]根据水对岩土体产生的影响和作用将之划分为力学层面、物理学层面与化学层面等三方面，并研究了其对岩石本身的强度和性质的影响。刘厚成、唐红梅[17-19]等亦将库水对岸坡的效应分为化学性质、物理性质和水力劣化三个方面。谢守益等[20]、廖红建等[21]、林峰等[22]、钟声辉等[23]、Fabio Luino[24]等从动水压力、孔隙水压力、浮托力等不同角度对库岸斜坡在蓄水条件下的稳定及影响机理开展了研究。唐辉明[25]在分析三峡库区塌岸特征的基础上，总结了近期库区塌岸治理工程治理的若干关键技术问题，研究了河道型水库塌岸预测。尚羽等[26]认为蓄水对斜坡坡脚的侵蚀崩塌是诱导斜坡变形破坏的原因。白建光[27]等对三峡水库塌岸演化开展了研究，水下波蚀浅滩及与堆积浅滩边坡形态主要取决于岸坡物质成分而非水位波动。杨达源[28]等通过对长江三峡库岸带崩滑灾害的预测与预防的研究，认为三峡水库蓄水后，库区水位的大幅度上涨及水位变动带（消落带）的形成等一系列因素，将导致原地貌发生较大的变化；童广勤[29]等根据刚体极限平衡理论，以准超载法为基础，推导了改进的传递系数法的递推公式及累计求和表达式。

受库水位等水环境影响的斜坡变形机理是一个亟待解决的复杂工程问题，传统的土力学理论的研究方法已现不足，非饱和土力学理论与研究方法的介入成为必然。在长江三峡库区，斜坡表层的膨胀土、残积土等非饱和黏性土的力学性质极易受到外界水环境变化的影响。例如在库水位的上升、下降过程中，大多数的非饱和土体都会出现因胀缩交替、蠕变不断而产生大量裂隙的现象。与坡体稳定性相关联的土体抗剪强度在这一干湿交替动态循环过程中，是否随之变化以及如何变化是人们关心的另一个问题；另外，在库水位上升过程中，非饱和土斜坡吸力降低，含水量上升，土体膨胀，将诱发失稳。在其他工程方面也有很多类似的情况，如地基隆起、路基开裂等。这些工程问题的解决依赖人们对非饱和土变形与吸力路径、含水率之间的关系，以及对抗剪强度特性的进一步认识。

龚壁卫[30]等采用直剪试验测试了膨胀土在“干—湿”循环过程中的抗剪强度，其成果显示水-土特征曲线与含水率的变化路径有关，相同的吸力具有不同的强度贡献。杨和平[31]采用常规直剪试验测试了膨胀土击实土样经干缩湿胀饱水后的抗剪强度，结果与上述结论类同。莫伟伟[32]通过对蓄水前后滑坡的饱和与非饱和渗流与应力耦合的分析，建立了等效连续介质有限元计算模型，并对水位涨落及降雨条件下库岸滑坡水岩作用机理及稳定性进行了分析。武涛[33]通过数值分析，对周期性水位波动作用下库岸滑坡稳定性进行了分析。罗红明[34]等提出了土水特征曲线的多项式约束优化模型和采用饱和-非饱和渗流数值模型，计算了库水位波动下地下水渗流场，探讨了库水位上升和下降对库岸滑坡稳定性的影响。唐辉明[35]

等采用核磁共振（NMR）技术反演水文地质参数，基于非饱和土强度理论，对现有滑坡剩余推力法进行改进，对库水位下降条件下岸坡稳定性进行研究，认为在库水位下降过程中会出现稳定性系数达到极小值的现象。

对水库岸坡稳定影响的另一重要因素为气象因素，如大气降雨等，其单独或与水库蓄水的耦合、叠加效应甚大。近年来，全球气温逐渐升高、气候异常等导致各种地质灾害活动频繁，如 1995 年 6 月，美国 Madison 在 16h 降水量达 775mm，因此诱发产生约 1000 处滑坡[36-56]，并形成地质灾害链。研究表明，地质灾害链具有相当的突发性、爆发性和难以预报等特点，通常诱发大规模灾难性事件，已引起科技界的重视[57-61]。降雨诱发滑坡被国内外滑坡领域研究者所认同，研究表明[62-65]，90％的滑坡由降雨诱发。降水是地质灾害发生的重要诱因，暴雨尤其是大暴雨及特大暴雨与滑坡的关系非常密切，相关系数达 0.8 以上[66]。李媛等[67]通过对滑坡与降水关系研究，认为暴雨诱发滑坡是普遍的现象，但对各种诱发因素的影响大小没有进行深入的研究。

目前针对降雨诱发滑坡的研究主要有两种方法：其一是利用统计学手段确定区域诱发滑坡的经验阈值的方法，在世界许多地区得到应用[68]。如在日本把前期累积降雨量不小于 150mm 或每小时降雨强度不小于 20mm 定义为滑坡临界降雨阀值；美国和加拿大分别把前期累积降雨量不小于 180mm 和 250mm 定为滑坡发生的临界值；中国香港则把前期累积降雨量不小于 350mm 且日降雨量大于 100mm、小时降雨量大于 40mm 定义为滑坡临界降雨阀值；巴西则把前期累积降雨量 250～300 mm 定为滑坡发生的临界值[69]。在中国，李晓[70]研究了斜坡表面侵蚀及滑坡灾害的临界降水强度及变化规律。杜榕恒[71]研究了三峡库区暴雨触发滑坡的临界降雨阀值，但目前在三峡库区还没有完善的降雨诱发滑坡的经验阈值。其二是研究降雨、径流和入渗的关系，如美国 Keefer[72]等，意大利 Crosta、Angeli，英国 Huchison，哥伦比亚 Terlin 及新加坡 Rehardjo 等人，通过非饱和土力学，通过对降雨、径流和入渗的关系以及水对斜坡岩土体作用效应的定量研究，开展了滑坡启动时的临界含水量、临界孔隙水压和临界降雨量值的研究。美国 Iverson、El Kadi& Torika，荷兰 Bagaard & Asch，意大利 Angeli，英国 Barton & Thomas、Wilkonson，中国香港 Sun 与 Ng 等人，通过室内实验、现场监测及理论分析，对降雨条件下的在岩土体的渗透特性、入渗过程及相应孔隙水压力进行了研究，建立了包括饱和稳定流、非稳定流及非饱和土水流等模型在内的多种降雨入渗水文地质模型。

水库蓄水与大气降雨，本质都是以水为介质，对库岸斜坡产生影响，但两者对斜坡稳定性的影响机理与权重是不同的。刘广润[73]等认为降雨是三峡库区斜坡变形或破坏的最重要的也是最普遍的诱发因素，其对斜坡的影响主要受控于降雨强度、降雨历时、斜坡岩土体透水性及其原始含水状况。通过水库滑坡现象与环境因素关系的研究，李宪中等[74]认为水库蓄水周期性波动大于降雨对斜坡稳定性的影响，而许文年[75]等认为斜坡岩土体的凝聚力对滑坡稳定的影响较小。

总体而言，水库库岸斜坡变形或破坏的产生，其主要原因为以下两个方面：一是斜坡岩土体含水量的改变，从而改变其物理力学特性。由于斜坡岩土体的毛细管压力，在水库水位变化或降雨时，随着时间延续，土体饱和区和非饱和区的含水量亦随之变化，斜坡岩土体的物理力学参数也在不断发生变化。二是水库水位变化对斜坡体内的孔隙水压力亦有较大影响，水库水位变化将改变斜坡体的渗流场，从而引起与之相关联的动静水压的变化，降低斜坡的稳定性，导致斜坡变形破坏的发生。

1.3 地质灾害风险评估

毫无疑问，地质灾害风险评估与管理已成为国际减灾防灾战略的重要组成[76－77]，尤其是21世纪以来，地质灾害风险评估与管理方面可靠、成熟的经验与技术方法得到了广泛推广与应用[78－81]。当前，国际上滑坡风险评估指南已经出版至第3～4版[82－84]，国际著名学者Hungr[85]和Cardinali[86]等已对地质灾害活动强度后评价的相关问题开展了重点研究；国内相关研究已经开展，在地质灾害风险评估与管理方法的系统研究方面也有大量探索研究[87－92]。1980年以来，中国内地学者开展了一系列自然灾害风险方面的研究工作，虽取得相当进展，但研究重点多侧重于单一灾种的风险评估，如陈报章[93]阐述了自然灾害风险评价理论与实践；苏桂武[94]对自然灾害风险的行为主体特性与时间尺度等开展了研究；徐向阳[95]等对湖南省城市洪水灾害的成因进行研究，并建议采取针对成因的洪灾的防治策略；王绍玉[96]等建立了城市灾害风险模型；史培军[97－102]等以城市脆弱性水平指数为依据，对灾害风险划分为高、较高、中等、较低和低风险5个等级；许世远[103－107]则根据沿海城市自然灾害的特点，建议采用综合性的风险评估与管理模式。

随着上述开创性工作的开展，中国灾害风险评估得以迅猛发展，尤其是地质灾害风险评估方面。地质灾害风险评估包括灾害易损性评估、风险性评估和灾害风险管理三个方面，迄今已经历了30多年的发展，目前已成为完善土地利用规划和限制灾害影响区发展的强有力工具，也是减少地质灾害导致的潜在人员伤亡最为有效和经济的方式。伴随着地质灾害风险评估理论框架和技术方法的进步，3S（即GIS、GPS和RS）技术、数值模拟计算等先进的技术手段已得到广泛的应用。石菊松等[108]认为灾害风险评估是对灾害的自然属性和社会属性的综合分析，风险评估中的难点与不确定性主要来源于灾害的自然属性，也即灾害成灾机理所导致的时间、空间预测不确定性和社会属性；张梁、罗元华等[109]在分析地质灾害的自然属性和社会属性特征时，提出了地质灾害评估的理论基础与方法，建立了危险性评价、易损性评价、破坏损失评价和防治工程评价为中心的地质灾害灾情评估体系；王秀英[110]对地震滑坡与地震动峰值加速度（PGA）、峰值速度（PGV）和Arias强度（Ia）的关系进行了比较系统的分析研究，并在此基础上建立了地震滑坡灾害评估的单因素和综合评估模型，形成了从区域地震滑坡分布评估到具体场点滑坡危险性判定比较完整的评估体系；王启亮[111]对一次地震过程中滑坡潜在滑移距离及扩展范围进行了计算，从而对风险分析中滑坡到达承灾体概率这一因子进行了量化研究；乔建平等[112]按照目标分类法对灾害风险类型进行划分，根据风险类型之间的内在关系建立了风险层次链和实际应用的方法。

尽管如此，在地质灾害风险评估与管理过程中还存在许多问题，目前地质灾害风险管理缺少标准化的技术路线和流程，限制了管理的通适性[113]，大量工程技术人员与学者都在努力研究探索，希冀不断改进、优化、完善其程式与流程[114－119]，一个最重要的途径是通过对地质灾害实际发生的调查、分析来改进与完善滑坡风险评估指南。

1.4 斜坡变形时变演化

鉴于水库斜坡变形事件的重要性，1952年，美国陆军师团对北美洲206座土石坝事故进行了研究[3]，按水库设计寿命100年计，对其间发生的斜坡变形事件按蓄水时间进行排列，如图1－1。从图中可知，蓄水0～5年为斜坡变形的高峰时期，同时，斜坡变形随蓄水时间的延续呈衰减态势，此结论或可为水库斜坡区域性变形早期最重要的研究成果之一。

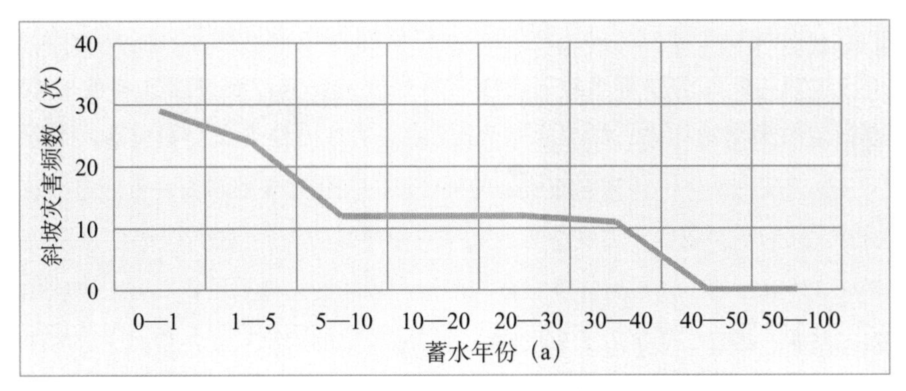

图 1-1 北美洲 206 座水库斜坡变形事件与蓄水年份关系

在国内，许多学者亦开展了水库蓄水斜坡变形及其导致的地质灾害发展趋势及其减灾对策的研究，其工作主要从两方面展开：

其一，通过调查前期表现的斜坡变形规律来预测其未来趋势。如童广勤[1]等在三峡水库蓄水后的地质灾害发生情况调查的基础上，对地质体受库水影响的时间、空间特征进行了分析，概化、预测了三峡水库蓄水影响的趋势，并提出用地质灾害活跃性强度指数的概念来评价地质灾害发生的程度，认为水库蓄水 5～8 年，斜坡变形导致的地质灾害会渐趋平稳；彭涛[120]认为三峡水库蓄水后，库岸地质灾害和人为诱发的地质灾害将相对增加，并呈现出阶段性；张业明[121]等通过对新生变形滑坡和岸坡的调查，对滑坡变形对三峡水库蓄水的响应进行了研究，认为三峡水库蓄水一个月左右为滑坡和岸坡变形失稳的高峰时间段；张信宝等[122]在研究库岸消落带的地貌演化的基础上，将蓄水后库岸斜坡变形活动的变化分为加剧期、强烈期、减弱期与准稳定态，并认为加剧期即相当于消落带的强烈侵蚀期，历时 10 年左右；黄润秋[123]通过对汶川地震引发的次生地质灾害的研究，认为相关区域的地质灾害可能的持续时间为 20～25 年，在这段时间内，以 4～5 年一个高峰为周期，呈震荡式的衰减下降，并最终恢复到震前的水平；刘传正等[124]提出了地质灾害寿命的概念，并将其划分为孕育、发展、发生、稳定等 4 阶段，不同灾种寿命不同，三峡新滩大型崩塌与滑坡有约 500 年左右的寿命周期；陶舒等[125]采用信息量法与逻辑回归模型，以水库斜坡变形导致的灾害的敏感性为标准，将其划分为极轻度、轻度、中度、高度和极高危险 5 个等级。黄润秋等[126]采用地震灾害敏感性模型，对芦山地震次生地质灾害空间分布进行了研究，认为与发震断层的距离、地形坡度、地层岩性、与水系的距离、高程、地震峰值加速度 PGA 是影响地震次生地质灾害的关键因素。

其二，以突变理论为基础，研究浸水对岸坡岩土强度的影响，从浸水时间、次数等方面模拟研究水库蓄水对岩土体材料强度的影响，通过建立斜坡变形的尖点突变模型来预测其趋势。如姜永东等[127]建立边坡失稳尖点突变模型，研究了斜坡系统发生突变的条件，认为斜坡所处内外环境的变化是导致斜坡是否变形或破坏的主要因素，其影响斜坡变形方式可能是快速或慢速蠕滑。唐红梅[128]等依据系统尖点突变理论，研究了岩土体抗剪强度参数与浸泡次数间的衰减关系，以岩土体软化特征函数为出发点，建立了基于尖点突变模型的岸坡失稳的预测模型，得出了三峡库区白马港岸斜坡将在未来50年左右发生突变失稳的结论。徐千军等[129]定量研究了干湿交替对岩体强度的影响，并据此分析其对边坡稳定性的影响，结果表明其对边坡的长期安全性有较大的影响。姚华彦等[130]认为，在水库水位的周期性循环中，其对库岸斜坡岩土体材料的干湿交替作用类似“疲劳作用”，对岩土材料的劣化作用比持续浸泡的影响要大。倪卫达等[131]将水致弱化效应分为干湿循环弱化及长期饱水弱化，并定量研究了水致弱化效应。刘新荣等[132]以三峡库区常见的砂岩为代表，通过试验模拟了库岸斜坡岩体在库水涨落情况下的水-岩作用过程，研究了砂岩在干湿循环变化条件下物理力学性质（如抗剪强度）的劣化特征。

从某种方面来说，对于河道型水库库岸斜坡变形，其既属于河床演变问题（河岸横向演变），又属于土力学问题（斜坡稳定）[133－136]。库岸斜坡变形失稳，其因崩塌而失落的物质或暂时堆积在坡脚近岸的河床上，对河床可起到覆盖或保护的作用，同时又改变了坡脚处河流局部的水的流态与结构，加剧了堆积物与周围河床的水沙输移。国内外许多学者[137－149]亦从河床演变的角度，对河岸土体的塌落与堆积、塌落体在河床上的冲刷与输移、河势及水流强度交互作用变化决定堆积体的搬运速度与新河岸岸坡、尔后河岸是否继续崩塌、崩塌量与崩塌时间等问题进行了研究。

值得关注的是，李典庆等[150]则考虑边坡生存的时间效应，基于统计理论研究了新建边坡和现役边坡在未来服役时间内的年失效概率，斜坡的年失效概率与边坡服役时间呈正相关，尤其是当边坡服役超过10年时，变形失稳概率急剧增大。国内目前已完工的大量斜坡工程的预警可作为方法与结论的借鉴。

1.5 三峡库区库岸研究

三峡工程水库库岸斜坡的研究始于1956年，当时地质部进行了库区水文地质调查。下面按工作内容及取得的主要成果分6阶段介绍如下：

第 1 阶段：1956—1967 年，进行过 3 次较系统的全库段工程地质调查和重点地段的勘测；1959 年，地质部三峡队与北京地质学院又进行了 1∶100000 库区工程地质测绘；1960 年 2 月，成都地质学院在涪陵至重庆段做了 1∶100000 工程地质测绘；1960 年 9 月，长江流域规划办公室（以下简称“长办”）第四勘测队进行了库区重点地段的淹没、坍岸工程地质调查；1966 年 12 月至 1967 年 3 月，长办三峡区勘测大队进行了库区工程地质调查。这一阶段重点在城镇浸没与坍岸预测，初步查出了 9 处崩塌体和 5 处滑坡体，首次指出链子崖及新滩一带为危险地段，开展了链子崖的专门性地质测绘。

第 2 阶段：1968—1983 年，工作重点逐步调整到崩塌滑坡体的勘测研究上。对离坝址最近的两处不稳定岸坡——链子崖危岩体（距坝址 27km）和新滩古滑坡（距坝址 26km）进行了详细的地质勘测与多学科研究。1977 年，先后在链子崖、新滩、黄腊石三个崩滑体危险地段建立形变监测网。

第 3 阶段：1983—1985 年，根据三峡工程进一步论证的需要，加之在干流岸坡先后发生了鸡扒子滑坡（1982 年）和新滩滑坡（1985 年），岸坡稳定性更加受到关注，广泛调动了国内生产、教学和科研力量，使岸坡稳定性的研究大大深入了一步。

第 4 阶段：1986—1990 年，成立了三峡工程论证地质地震专家组，由地矿部牵头，水利部和国家地震局参加。1989 年，在论证的基础上进一步编制了可行性研究报告。论证及可研工作自 1986 年至 1990 年，历时 5 年完成。此间，三峡工程库岸稳定性被列为国家“七五”科技攻关第 16 项“地震与地质”课题中的一个专题。系统开展了三斗坪至重庆江津干流及主要支流库岸的调查、研究和干流典型大中型崩塌、滑坡、危岩体的勘探研究。同时，在该课题中设立了“库区拟迁建城市新址环境地质研究”（75－16－2－5）专题，对 13 座县（市）城新址进行了环境地质论证工作。

第 5 阶段：1991—1995 年（“八五”期间），1992 年 12 月，水利部长江水利委员会编制了《长江三峡水利枢纽初步设计报告（枢纽工程）》，认为“水库岸坡主要由坚硬-中等坚硬岩石组成，其中稳定条件好的岸坡长度占库岸总长度的 93%左右，这类岸坡不论在天然情况下还是水库蓄水后，稳定性都是好的；1995 年至 1997 年，长江水利委员会提交了《长江三峡工程库区库岸稳态及崩、滑体专论》；2000 年，长江水利委员会编制了《长江三峡工程库区淹没处理及移民安置规划崩滑体处理总体规划报告》；同时，国家重点科技攻关项目中的三峡工程重大技术问题研究，仍将库区地质与库岸稳定列为课题，解决了“七五”科技攻关中的遗留问题，开展了长江三峡工程地壳稳定性与库水诱发地震等问题的深入研究，特别是针对链子崖危岩体和新滩滑坡开展了长江三峡工程库区重大危险性崩塌滑坡监测方法与预报判据研究，取得了一些新的成果。

第6阶段：2000—2005年，在三峡水库139m蓄水后，国土资源部环境司、国科司结合三峡水库分期蓄水，分别启动了“长江三峡库区崩滑地质灾害监测工程试验（示范）区”；国土资源部2000年科技专项计划“长江三峡库区地质灾害监测与预报”；国土资源部环境司2003年“三峡库区滑坡塌岸防治专题研究”，分别对塌岸预测、滑坡与防治、地质灾害防治工程效果评价、减灾效益评估和防治工程技术、地质灾害防治工程信息系统与决策支持系统进行了研究。

2005年以来，就尚未解决的有争议的重大滑坡防治决策、水库蓄水运行期间库区重大地质灾害预测评价研究、水库运行期间滑坡监测预报急需解决的监测技术研究、地质灾害防治针对性治理工程技术勘查技术研究等开展了研究。

综上所述，目前国内外对水库蓄水引发岸坡变形或破坏的研究主要集中在库岸斜坡的变形机理、水库蓄水及降雨对斜坡稳定性的影响上，主要包含库水对斜坡岩土体的软化、库水周期性加卸载对岩土体强度的影响、降雨入渗机理及影响、降雨临界阀值等；对于斜坡变形导致的地质灾害风险评估，更侧重于灾害风险区划、灾情评估（以经济财产、人口损失作为评估指标），而没有（像地震震级、台风等级）明确的衡量指标和分级标准，使地质灾害活动程度评价缺乏时空对比分析依据，这成为制约地质灾害预测评价发展的主要瓶颈问题；对水库库岸斜坡变形或破坏的时变趋势开展了一系列工作，但缺乏长时间、水库蓄水全过程的实测数据作分析基础，导致分析的结果依据不充分，基本为水库蓄水某阶段抑或为局部地段的“规律”。总体而言，当前对于水库库岸斜坡变形的研究，理论与数值模拟研究较多，对特定的时间与空间的库岸段研究较多，基于水库蓄水前后全过程、全库段纵断面的现场调查与统计分析的研究还存在不足，分析水库蓄水营运条件下斜坡变形导致的地质灾害演化趋势的定量研究等方面还很不够。

2 库岸斜坡类型及发育特征

2.1 研究区范围

三峡库区库首区有三种提法：第一种为坝址—奉节白帝城，即广义的三峡峡谷库段，长157.5km；第二种为坝址—巴东县的官渡口，包含了几个重点的活动性大型滑坡与危岩体，即黄腊石滑坡、新滩滑坡与链子崖危岩体，全长85km；第三种为坝址—庙河，长16km。20世纪90年代初，在三峡工程专家论证会中，一般指的是第二种说法。据此，本书亦选取第二种说法，研究范围为其中的坝址到秭归牛口河段、两岸第一分水岭起算，河段岸线全长约405km，面积约470km^2。

在坝址—秭归牛口沿长江长约68km的库首段中，三斗坪坝址至庙河，河岸线长约16km，为结晶岩低山丘陵宽谷库段，主要由黄陵背斜核部前震旦纪结晶岩体组成；庙河—牛口，河岸线长约52km，为碳酸盐岩夹碎屑岩中山峡谷库段。由于构造与岩性的差异，形成了峡谷和丘陵宽谷地貌，峡谷临江山顶高程600～1200m，江面宽300～500m，山高谷深、峭壁耸立，谷底宽300～800m，两岸可见Ⅰ、Ⅱ级阶地零星分布。

2.2 气象水文

研究区属亚热带大陆性季风气候，气候温暖湿润，光照充足，雨量充沛，四季分明。由于境内山峦起伏，地势高差悬殊，长江河谷与两岸山地气候变化较大，具有河谷区气温高于山地、山地降雨量多于河谷区的立体型气候特征。

研究区全年气温较高，多年平均气温18℃，极端最高气温42℃，极端最低气温－8.9℃。年降雨量一般950～1590mm，年平均降雨量1439.2mm；降雨量由北向南、由低到高随海拔高度增加而增大，高程100m以下年降雨量947.6mm，高程150m以上1028.6mm，高程800m以上1143.4mm，高程1100m以上1433.8mm，高程1500m以上1865.2mm，高程1800m以上1904.3mm；降雨多集中于5—8月，年降雨日数多为120～140天，最大日降雨量386mm。多年平均水面蒸发量800～1000mm，相对湿度77%。

境内风向与河流走向基本一致，多偏南风，次为偏北风，东西风较少，但在西陵峡上段长江河谷内，主导风向大都只有上风（风向上游）和下风（风向下游）。风速受山地地貌制约，一般较小，为1.5～2.5m/s，但遇恶劣天气时也出现较大风速，最大风速20m/s（1962年6月7日，西南风）。积雪厚度在河谷区一般为10～20cm，山地区厚达50cm。年太阳辐射总量87～100kcal/cm^2，年平均日照时数1200～1650h，多集中在5—9月。

研究区内河流水系发育，长江流经巴东县破水峡进入秭归县境，横贯县境中部，于茅坪河口出境。境内河流长64km，江面宽150～300m，流域面积724.4km^2，流速1.5～2.0m/s，正常流量0.3～0.5万m^3/s，多年平均流量1.4万m^3/s，最大流量7.10万m^3/s（1981年7月19日，归州镇锯齿梁）。县内河流主要有香溪河、青干河、九畹溪、袁水河（咤溪河）、茅坪河、龙马溪、泄滩河、童庄河等，均为长江一级支流。

2.3 区域地质背景

2.3.1 地形地貌

三峡工程库区坝址到牛口库段位于西陵峡西段，干流库长68km，行政区划属于宜昌市秭归县，秭归县位于鄂西褶皱山地，地势西南高东北低，山峰耸立，河谷深切，相对高差一般在500～1300m之间。库区内地貌主要分为结晶岩低山丘陵宽谷段、碳酸盐岩中山峡谷段、碎屑岩中低山河谷段三种类型，其特征分述如下：

（1）结晶岩低山丘陵宽谷段：位于庙河以东至茅坪一带，河谷开阔，临江山顶高程200～500m，为低山丘陵地貌，山丘平缓，多为浑圆状山顶，地势低缓，谷坡坡角10°～35°，谷底宽500～1000m。主要河流为茅坪河。

（2）碳酸盐岩中山峡谷段：位于香溪河以东—庙河之间，属西陵峡西段，为中低山峡谷地貌，河谷深切，呈 V 形，阶地不发育，山地高程 1000～1500m，著名的兵书宝剑峡、牛肝马肺峡位于其间。主要河流为九畹溪与龙马溪。

（3）碎屑岩中低山河谷段：为西陵峡与巫峡的过渡带，位于香溪以西至牛口段，为低山区，中低山地貌，宽谷型，阶地发育。山体高程为 500～1000m，水系发育，主要河流为归州河、青干河、童庄河、泄滩河等。

近坝库段河谷两岸阶地可分为四级，Ⅲ、Ⅳ级阶地大部分已经被破坏，蓄水前，Ⅰ、Ⅱ级阶地保存相对较好，但在 139m 蓄水后大部分已被淹没。

2.3.2　地层岩性

研究区内地层发育齐全，自元古界至第四系均有出露。元古界崆岭群见于东部茅坪一带，震旦系和古生界呈条带状展布于东部至南部边缘，三叠系和侏罗系广泛发育于中、西、北部，白垩系仅见于九畹溪西侧周坪一带，第四系主要分布在长江及其支流的河谷地带、冲沟及缓坡处。研究区内地层岩性的划分详见表2－1。

2.3.3　地质构造

三峡工程库区近坝库段位于扬子准地台中西部，该区经历了三次较强的大地构造运动，即前震旦纪的晋宁运动、侏罗纪末的燕山运动和早第三纪末的喜山运动，形成了以黄陵地块为核心的构造格架，周围展布一系列弧形褶皱：北面为大巴山台缘褶皱带，西侧为上扬子台褶皱带（即八面山台褶带），东侧为江汉坳陷盆地（图 2－1）。

区内新构造运动不强烈，主要表现为南津关以西的山地大面积间歇性上升，东部江汉平原相对下降，从而形成一平缓过渡带。

近坝库岸主要褶皱为轴向近南北向的黄陵背斜，走向与长江近正交。黄陵背斜核部位于三峡大坝坝址附近，由前震旦系崆岭群变质岩及侵入其间的花岗闪长岩组成，西侧边界距大坝约 16km。轴线较为平直，走向 NNE。三峡工程坝址位于黄陵背斜核部黄陵地块南端的花岗闪长岩体上，周缘沉积盖层从震旦系至第四系出露齐全。坝址至庙河库段出露前震旦系结晶岩。庙河至香溪库段在地缘上属黄陵背斜西翼，总体上为一单斜构造，出露震旦系到三叠系中统地层，岩层产状总体上较稳定，倾向 NW。

库区内规模较大、现今仍具有活动性的区域性断裂不甚发育，主要有西南缘的仙女山断裂和九畹溪断裂。

表 2-1 研究区地层岩性表

界	系	统	地层名称		岩组代号	厚度（m）	岩性简述
新生界	第四系	全新统			Qh	1～10	粉质黏土、黏性土、碎石土、砾石层
		更新统			Qp	10～30	黏土夹砾石，底部为新滩砾岩
中生界	白垩系	下统	石门组		K1s	37～275	紫红色厚层块状砾岩
	侏罗系	上统	蓬莱镇组		J_3p	268～339	上部紫红色泥岩砂岩不等厚互层，下部石英砂岩夹泥砾岩
			遂宁组		J_3c	456～574	上部紫红色泥岩、砂岩互层，中下部紫红色砂岩夹泥岩
		中统	上沙溪庙组		J_2s	749～1087	上下部紫红色泥岩，中部紫红色泥岩砂岩互层
			下沙溪庙组		J_2x	721～1079	上部灰绿色砂岩夹泥岩，下部紫红色泥岩夹砂岩
			千佛崖组		J_2q	180～450	上部黄绿色泥岩夹砂岩，下部黄绿色泥岩、粉砂岩夹灰岩条带及透镜体
		下统	香溪群	桐竹园组	J_1t	169～203	黄绿、灰黄色砂质页岩、粉砂岩、石英砂岩为主，夹碳质页岩、煤层
	三叠系	上统		九里岗组	J_1j	0～350	黄灰、深灰色泥质粉砂岩夹碳质页岩、煤层
		中统	巴东组	第三段	T_2b^3	0～487	紫红色厚层状泥岩、粉砂岩、砂质页岩
				第二段	T_2b^2	0～140	灰色、浅灰色中厚层状灰岩、泥灰岩夹页岩、泥岩
				第一段	T_2b^1	51～403	紫红色、灰绿色中厚层状粉砂岩夹泥岩、页岩
			嘉陵江组	第三段	T_2j^3	133～213	薄层至厚层状结晶灰岩夹溶崩角砾
				第二段	T_2j^2	256～376	薄层至厚层状含燧石灰岩，缝合线发育
				第一段	T_2j^1	71～174	灰色、浅灰色薄层状灰岩
		下统	大冶组		T_1dy	476～799	中厚层灰岩，下部为薄层含泥质灰岩、页岩

续表

界	系	统	地层名称	岩组代号	厚度（m）	岩性简述
上古生界	二叠系	上统	吴家坪组	P_2w	57～130	灰色中厚层状块状含燧石结核灰岩、生物碎屑灰岩
			龙潭组	P_2l	131	深灰色砂页岩夹煤层相变为灰色含燧石结核灰岩
		下统	茅口组	P_1m	24～142	灰色、浅灰色厚层块状含燧石结核微晶灰岩
			栖霞组	P_1Q	175～310	深灰色、灰黑色中厚层结晶灰岩，具沥青气味
			梁山组	P_1l	0～7	粉砂质泥岩、黑色页岩夹煤层
下古生界	石炭系	中统	黄龙组	C_2h	0～33	浅灰色、灰白色中厚层至块状结晶灰岩
	泥盆系	上统	写经寺组	D_3x	0～63	石英砂岩与页岩互层
			黄家磴组	D_3h	0～38	石英砂岩夹页岩
		中统	云台观组	D_2yn	8～58	灰白色厚层块状石英砂岩
	志留系	中下统	纱帽组	$S_{1-2}s$	118～178	紫红色粉砂质泥岩、细砂岩夹页岩
			罗惹坪组上段	S_1Lr^2	534～900	黄绿色、灰绿色页岩夹泥岩、粉砂岩
			罗惹坪组下段	S_1Lr^1		黄绿色泥岩、钙质泥岩、粉砂质泥岩为主
			新滩组	S_1x		页岩硅质岩
	奥陶系	中上统	龙马溪组	O_3S_1l	180～579	灰绿色页岩夹石英砂岩
			宝塔组	$O_{2-3}b$	32～58	泥灰岩、龟裂灰岩
			庙坡组	$O_{2-3}m$		黄绿色页岩夹泥灰岩
		下统	牯牛潭组	0_2g		中厚层状灰岩与瘤状灰岩互层
			大湾组	0_1d	98～397	泥质条带灰岩
			红花园组	0_1h		灰岩夹生物碎屑
			南津关组	0_1n		深灰色厚层块状白云质灰岩
	寒武系	中上统	娄山关组	$\in_3O_1L$	212～624	灰色、浅灰色厚层白云质灰岩，含燧石结核
			覃家庙组	$\in_{2-3}q$	159～630	厚层白云岩、白云质灰岩、泥质条带灰岩

续表

界	系	统	地层名称	岩组代号	厚度（m）	岩性简述
		下统	石龙洞组	$\in_{1}s$	159～195	浅灰色、深灰色中厚层状、块状白云质灰岩，泥质条带灰岩
			天河板组	$\in_{1}t$		深灰色薄层泥质条带灰岩
			石牌组	$\in_{1}s$	134～198	灰绿色、黄绿色页岩、砂岩夹灰岩
			牛蹄塘组	$\in_{1}l$		黑色碳质页岩夹粉砂岩、砂子泥岩
元古界	震旦系	上统	灯影组	Z_{2}	198～1380	厚层白云质灰岩夹灰岩
			陡山沱组	$Z_{2}d$	55～124	灰岩与碳质页岩互层，含燧石结核
		下统	南沱组	$Z_{1}n$	20～159	灰绿色、紫红色冰砾岩
			莲沱组	$Z_{1}l$	0～65	紫红色中厚层状砂砾岩、石英砂岩
	前震旦系	崆岭群	小以村组	$Pt_{2}x$	488～685	石英片岩、片麻岩

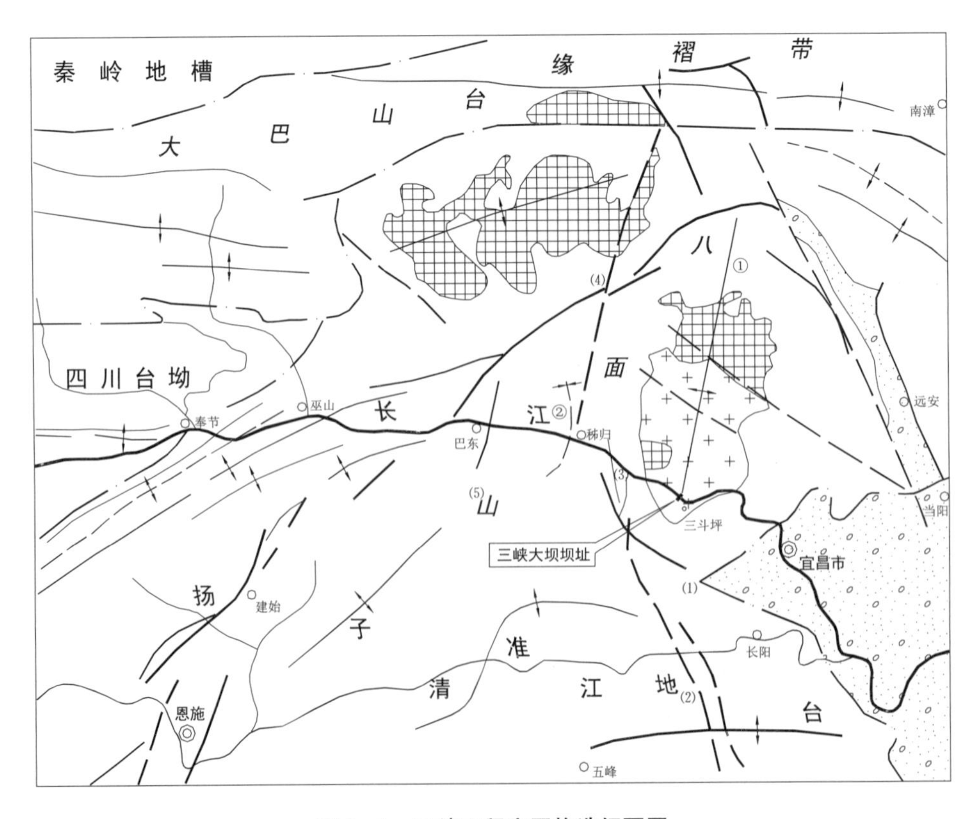

图 2－1　三峡工程库区构造纲要图

①黄陵背斜；②秭归向斜；（1）天阳平断裂；（2）仙女山断裂；（3）九畹溪断裂；（4）新华断裂；（5）牛口断裂

库区总体处于弱震环境，地震基本烈度属于Ⅵ度区范围。坝址—庙河段约16km范围处于黄陵背斜核部结晶岩基底内，历史和现今地震活动微弱；庙河—牛口河段，秭归—渔洋关地震带跨越该库段，存在水库诱发地震的条件，但震级不高。

2.3.4 水文地质

区内各类岩、土体富水性总体较差，渗透性差异大，非均质各向异性明显。根据地层岩性、裂隙发育程度等因素划分，区内相对隔水层主要为中、下元古界（P_t）结晶岩，及志留系下统（S_1）碎屑岩；相对透（含）水岩层主要为震旦系-奥陶系、志留系上统-三叠系地层，其间页岩、泥岩及煤层为层间相对隔水层，由于这些层间相对隔水层的存在，库区地下水系统呈一复杂的层状水文地质结构形态。

地下水主要有四种类型：松散堆积层孔隙水、碎屑岩裂隙水、碳酸盐岩岩溶水和结晶岩孔隙-裂隙水。

松散堆积层孔隙水：赋存于第四系松散堆积物的孔隙中。由于第四系堆积物结构松散、孔隙率大、透水性较强，因此孔隙水在岸坡上难以保存，主要分布在河漫滩及支流、冲沟的砂卵石层中。地下水直接接受大气降水补给，多以下降泉形式入汇于低洼处，最终排泄至长江。泉点多分散分布，泉水流量不大，受季节和降雨量控制。野猫面滑坡、新滩滑坡、上孝仁滑坡上多处发育此类泉水。

碎屑岩裂隙水：主要赋存于志留系、泥盆系砂页岩中。主要接受大气降水、地表水及其上部的风化岩体孔隙-裂隙水补给，水位较稳定。多以下降泉的形式出露于山坡坡脚及冲沟底部，汇入长江。在河床及漫滩，基岩裂隙水流量较稳定，受季节性变化影响较小。

碳酸盐岩岩溶水：主要赋存于碳酸盐岩岩溶层组孔隙、裂隙、岩溶管道中。主要接受大气降水、地表水及其上部的基岩孔隙-裂隙水补给，水位较稳定，水量大。岩溶层组下部多存在相对隔水层，地下水多以接触全的形式出露于相对透水、隔水层交界处。由于此类泉水水位稳定、水量大，往往成为当地居民生活用水源。如在新滩滑坡西侧缘的泉水流量为1～2L/s，供给现滑坡上所有居民生活用水仍有余。

结晶岩孔隙-裂隙水：广泛分布在基岩全强风化带及弱风化带的孔隙、裂隙中，主要接受大气降水补给。全强风化带水位季节性变化明显，弱风化带水位相对稳定。该类地下水多以下降泉的形式沿基岩裂隙或风化分界带出露于山坡及冲沟底部，最终汇入长江。

2.4 库岸斜坡类型

库岸类型的划分要既能反映岸坡现状差异，又能体现水库蓄水后岸坡可能变形破坏形式的不同，应具有普遍性和合理性。现根据岸坡地层、岩性（物质组成）、地质结构及成因类型，将岸坡分为土质岸坡（Ⅰ类）、岩质岸坡（Ⅱ类）、土-岩复合岸坡（Ⅲ类）和滑坡体岸坡（Ⅳ类）四大类。其中土质岸坡（Ⅰ类）按岩性不同进一步分为回填砂岸坡（I_1）、碎石土岸坡（I_2）两个亚类；岩质岸坡（Ⅱ类）按岩性不同进一步分为花岗岩岸坡（II_1）、碎屑岩岸坡（II_2），碎屑岩岸坡（II_2）再按其形态差异分为顺向坡（II_{2-1}）、斜向坡（II_{2-2}）、逆向坡（II_{2-3}）三小类；土-岩复合岸坡（Ⅲ类）按岩性组合不同进一步分为回填砂-基岩岸坡（III_1）、碎石土-基岩复合岸坡（III_2）。各大类、亚类分类原则见表 2-2，典型地质结构图见图 2-2～图 2-7。

表 2-2　岸坡分类原则

大类	亚类			岩性	时代及成因
土质岸坡（Ⅰ）	回填砂		I_1	原始地形为长大冲沟，后采用花岗岩风化砂回填，厚度较大	第四系（Q）崩坡积、冲坡积、残坡积、洪坡积、人工堆积（图 2-2、图 2-3）
	碎石土		I_2	碎石土、块石	
岩质岸坡（Ⅱ）	结晶岩		II_1	闪长斜云花岗岩	前震旦系（$P_{t\gamma N}$）（图 2-4）
	碎屑岩	顺向坡	II_{2-1}	灰岩、结晶灰岩、泥灰岩、页岩、泥岩、粉砂质泥岩、泥质粉砂岩、粉砂岩、细砂岩、长石石英砂岩、长石砂岩	寒武系（∈）、奥陶系（O）、志留系（S）、三叠系（T）、侏罗系（J）（图 2-5）
		斜向坡	II_{2-2}		
		逆向坡	II_{2-3}		
土-岩复合岸坡（Ⅲ）	回填砂-基岩		III_1	上部为回填砂，下部为基岩	上部为各种成因类型的第四系（Q），下部基岩（图 2-6）
	碎石土-基岩		III_2	上部为碎石土，下部为基岩	
滑坡体岸坡（Ⅳ）				碎石土、块石	第四系（Q）滑坡堆积（图 2-7）

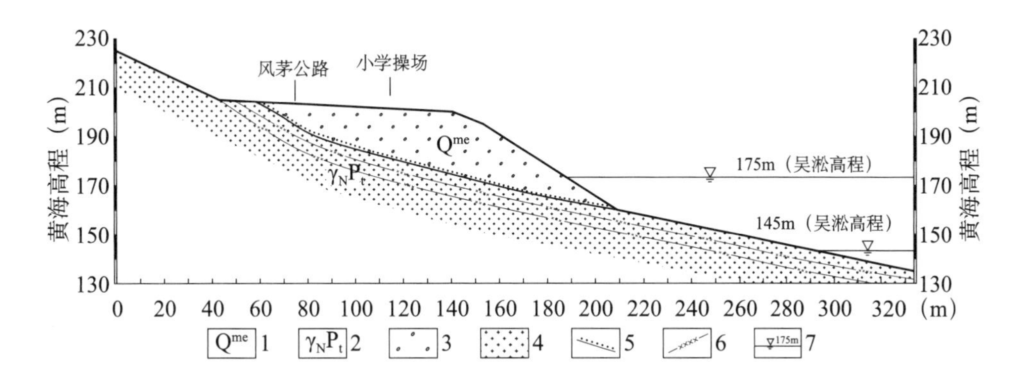

图 2-2 I_1类岸坡典型地质结构图

1. 第四系人工堆积层；2. 前震旦系；3. 回填砂；4. 闪长斜云花岗岩；
5. 第四系与基岩界线；6. 全风化下限；7. 三峡水库蓄水位

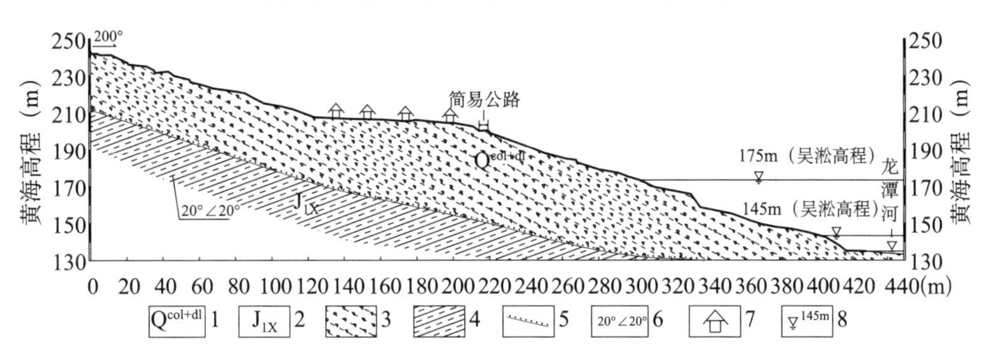

图 2-3 I_2 类岸坡典型地质结构图

1. 第四系崩坡积层；2. 侏罗系下统香溪组；3. 碎石土；4. 粉砂质泥岩；
5. 第四系与基岩界线；6. 岩层产状；7. 民房；8. 三峡水库蓄水位

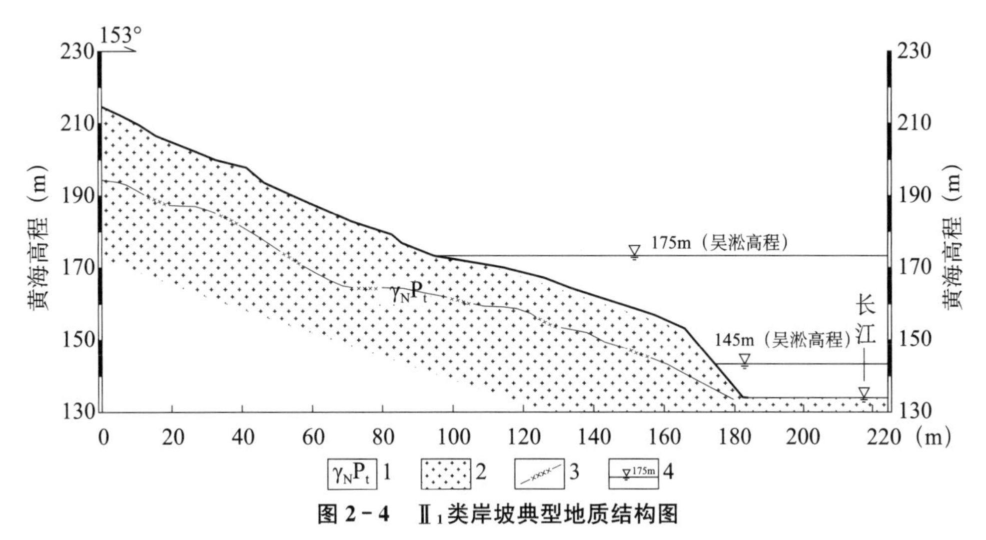

图 2-4 II_1类岸坡典型地质结构图

1. 前震旦系；2. 闪长斜云花岗岩；3. 全风化下限；4. 三峡水库蓄水位

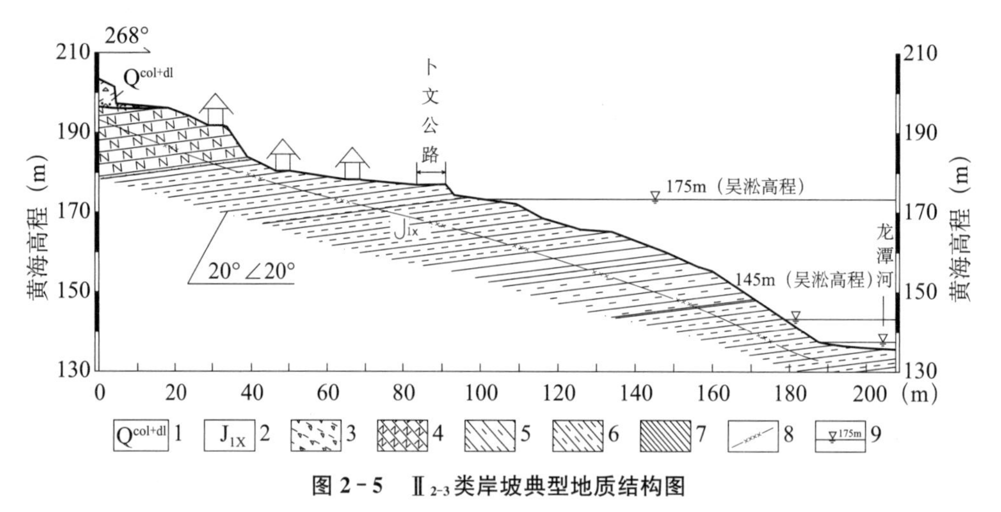

图 2-5 Ⅱ$_{2\text{-}3}$类岸坡典型地质结构图

1. 第四系崩坡积层；2. 侏罗系下统香溪组；3. 碎石土；4. 长石石英砂岩；
5. 泥质粉砂岩；6. 粉砂质泥岩；7. 粉细砂岩；8. 强风化下限；9. 三峡水库蓄水位

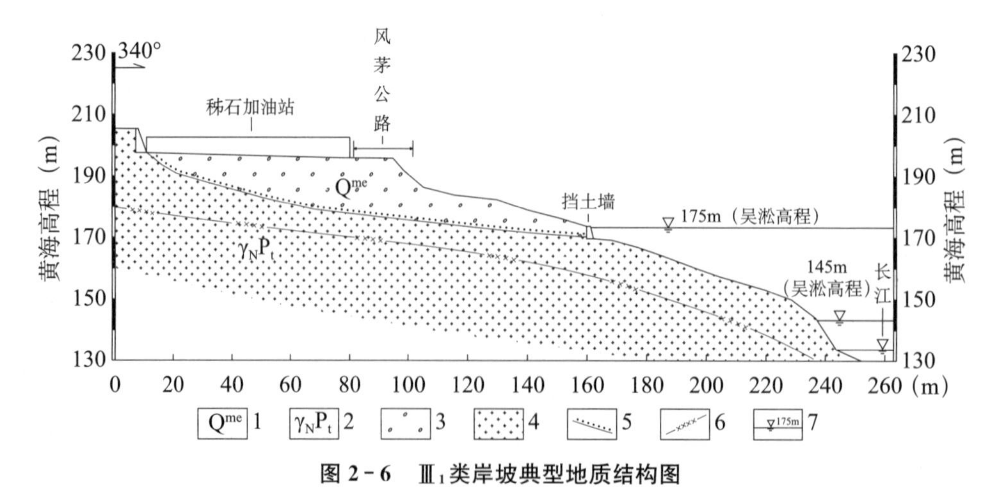

图 2-6 Ⅲ$_1$类岸坡典型地质结构图

1. 第四系人工堆积层；2. 前震旦系；3. 回填砂；4. 闪长斜云花岗岩；
5. 第四系与基岩界线；6. 全风化下限；7. 三峡水库蓄水位

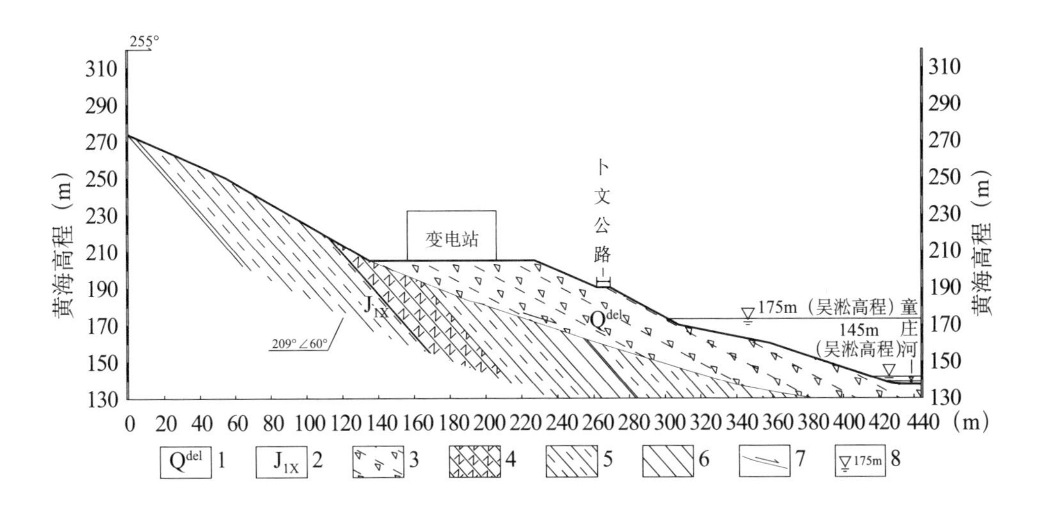

图 2-7　Ⅳ类岸坡典型地质结构图

1. 第四系滑坡堆积层；2. 侏罗系下统香溪组；3. 碎石土；4. 长石石英砂岩；5. 粉砂质泥岩；6. 粉细砂岩；7. 滑动面；8. 三峡水库蓄水位

根据组成库岸岩（土）体的坚硬程度与软硬差异、成层厚度与组合特征，近坝库段岩土类型可分为四个大类，即岩浆岩类、沉积岩类、变质岩类与松散土。其中庙河至坝址以下库段岸坡主要由岩浆岩类和变质岩类岩组组成，庙河至牛口以上库段主要为碳酸盐岩夹碎屑岩岸坡，松散土组成岸坡主要为几个滑坡堆积体库岸。

不同工程地质岩组组成了多种岸坡结构类型，三峡工程坝址至牛口 64km 库首段干支流水库岸坡全长 405km，可划分为四类：土质岸坡、岩质岸坡、岩土质岸坡及滑坡体岸坡，其中岩质岸坡又分结晶岩岸坡与碳酸盐岩夹碎屑岩岸坡。各类岸坡特征分述如下：

1. 土质岸坡

土质岸坡广泛而不连续地分布于干支流库岸，其地表宽度与厚度均有限，基座或上部边坡仍为基岩。

由松散土类组成的岸坡，全长 6.0km，占总长的 1.5%。土质岸坡由各类河流冲洪积、残坡积及崩滑堆积砾石、砂、块（碎）石、碎石土、亚黏土、黏土等组成。

2. 岩质岸坡

(1) 结晶岩岸坡，分布于坝址到庙河库段，库岸全长 119.2km，占总长的 29.4%。是由岩浆岩类坚硬块状花岗岩、斜长花岗岩、石英闪长岩等和变质岩类坚硬层状混合岩、片麻岩、片岩等构成的岸坡。

（2）碳酸盐岩夹碎屑岩岸坡，分布于庙河以上大部分岸段，库岸全长约186.8km，占总长的46.1％。是由层状沉积岩构成的岸坡。

3. 土-岩复合岸坡

库岸全长约61.74km，占总长的15.2％。

4. 滑坡体岸坡

库岸全长约31.19km，占总长的7.7％。崩、滑点在不同岸坡段分布密度有明显差异，干流库段上的土质滑坡库岸以新滩滑坡为典型。

2.5 斜坡变形方式与发育特征

斜坡岩土体承受应力，就会在体积、形状或宏观连续性等方面发生某种变化。宏观连续性无显著变化者称为变形（deformation），否则称为破坏（failure）[151]。发生了变形（破坏）或具有潜在趋势的地质体亦称为灾害地质体。研究区内的灾害地质体主要有滑坡体、危岩体、高边坡、崩滑堆积体、人工弃渣、岸坡松散松软层等，它们是坝址—牛口河段库区地质灾害的主要致灾源，产生的地质灾害类型主要有四种，即滑坡灾害、崩塌灾害、泥石流灾害、塌岸灾害等。经调查，其中尤以滑坡、塌岸为剧。

下面对研究区内的主要斜坡灾害类型塌岸和滑坡进行阐述。

2.5.1 斜坡变形方式

1. 塌岸

水库蓄水后，库岸岩土体在波浪（自然波浪和船行波等）和水库蓄水位周期性涨落变化的作用下，发生坍塌导致库岸线后退的现象称为水库塌岸或库岸再造。水库塌岸本质上为侧向侵蚀、部分库段的底蚀，以及岸坡岩体块体状失稳的综合。这几种破坏形式由水库蓄水初期的侧向侵蚀、部分库段的底蚀，发展为块体状失稳，并循环往复，最终形成平衡，成为最终的塌岸断面。根据库岸的地质条件、库岸变形失稳的破坏机制，研究区塌岸总体呈三种类型，即侵蚀-剥蚀型、坍塌型、整体滑移型。

（1）侵蚀-剥蚀型：在地表水或库水及其他外力的作用下，库岸斜坡的表面物质被逐渐剥蚀、搬运，斜坡坡面因此产生缓慢的后退现象。其主要发生于基岩岸坡的全强风化带及地形较缓的土质岸坡中，其再造过程一般比较缓慢且再造规模较小。

（2）坍塌型：在水库蓄水作用下，库岸斜坡下部或坡脚因被软化与被掏蚀，其上部斜坡物质失去支撑，从而导致产生斜坡局部下座或坍塌的现象。其通常发生在地形较陡的土质（岩土质复合）岸坡或基岩卸荷带内，在暴雨或水库水位剧烈变化时最易发生，极具突发性。

（3）整体滑移型：在水库蓄水或其他因素作用下，库岸斜坡岩土体沿一定的滑动面产生整体性滑移的现象。其一般具有规模大、危害性大的双重特点，研究区古滑坡或老滑坡的复活、土质岸坡的圆弧形滑动均属这一类。

研究区内沉积岩类岸坡塌岸一般不明显，塌岸规模、速度一般较慢，主要为崩塌型塌岸。研究区内第四系堆积体分布不连续，堆积体物质成分也较复杂，主要发生侵蚀、剥蚀型塌岸，表现为在岸坡前缘江边形成小型浪坎。

2. 滑坡

所谓滑坡，即是斜坡岩土体沿一定的滑动面基本做整体性滑移运动的过程和结果。

本书研究的滑坡为水库斜坡变形的一种类型，亦是与水库蓄水相关的，根据库水对斜坡变形的作用效应，分为浮托减重型、水压力型和劣化效应型。值得说明的是，库水对斜坡作用效应而导致其变形的产生，其作用效应是多方面的复合作用，在分类时，主要考虑何种作用起主要或主控作用[152]。

浮托减重型：此类变形斜坡体的透水性较弱，滑坡（带）呈上陡下缓，斜坡阻滑段明显。斜坡变形或破坏主要发生在水库蓄水初期或水库水位骤升时期，水库蓄水对滑坡阻滑段的浮托减重效应是滑坡变形破坏的主要因素。

水压力型：构成该类滑坡的物质一般以土质为主，透水性微弱，在库水消退（所谓骤降）时，滑坡体内孔隙水难以消散，其消散过程大大滞后于库水的消落，在滑坡体或其局部形成的动静水压力促使滑坡变形失稳。

劣化效应型：该类滑坡滑带富含如伊利石与蒙脱石等遇水易膨胀软化的黏土矿物，受水库蓄水浸泡后，滑带土极易产生劣化效应，其物理力学性质如抗剪强度 C、φ 值等大幅度降低，从而导致滑坡变形破坏。

2.5.2 发育特征

根据相关调查成果，研究区范围内共发育有各类地质灾害点 437 个，其中滑坡

364个（含不稳定斜坡52处）、崩塌（含危岩体）20个、塌岸53段，研究区斜坡变形灾害发育与分布具有以下特点：

1. 具有明显的地段性与时间性

（1）空间分布规律

主要表现为条带性、垂直分带性和相对集中性[154]。

条带性：长江及主要支流沿岸、主要地质构造线及公路、铁路线一带滑坡发育。干流主要分布在树坪—牛口河段库岸沿线，支流库段的崩、滑体则主要分布于香溪河、归州河、青干河库岸沿线等。

垂直分带性：在相对高差大且上陡下缓的斜坡地带，滑坡具明显的垂直分带性，具有典型的上崩下滑的分布特点。

相对集中性：城镇及人口密集区的人类工程活动频繁，诱发或加剧地质灾害机会多，从而具有地质灾害相对集中的特点，如归州老镇、郭家坝镇等。

（2）时间分布规律

主要表现为周期性和滞后性[154]。

周期性：水是滑坡的诱发剂、催化剂。每年雨季，是三峡库区滑坡事件集中发生的季节；随库水从175～145m升降，三峡库区滑坡受水的影响增加。滑坡体一般在旱季枯水期稳定性较好，而在雨季或洪水期稳定性变差。

滞后性：部分滑坡因其自身稳定性较好，遇雨季或在不合理的人类工程活动下没有立即产生破坏，往往滞后数月才产生变形失稳破坏。

2. 滑坡与地层岩性组合关系

研究区滑坡发育受控于地质构造、地层岩性和地形地貌及其组合等条件，其空间分布具明显差异特性，如研究区沿岸的秭归沙镇溪—范家坪附近等库岸段崩滑体发育数量最多，斜坡的稳定性也最差。

研究区内的长江干流库岸段，岩层发育从元古界至中生界侏罗系各地层，根据其主要岩性的组合关系及库岸分段，对其发育崩塌、滑坡的数量及规模等统计结果见表2-3。

表 2-3 研究区库岸岩性组合分段表

地层时代	组合特征	库岸段	滑坡密度	体积模数	类型	规模（$\times10^4m^3$）			
			个/km	万方/km		>1000	100～100	10～100	<10
$\in_{2-3}$	厚层白云岩为主	21.6 ～ 23km，至屈原镇、石梁湾	0	0					
O	中厚层状灰岩、白云岩	23 ～ 23.8km 左岸	0	0					
T_1j	中厚层灰岩、微晶灰岩为主	28～30km 处，至香溪河；62～65.5km，凉水井至上沱右岸	0.267	10.53	岩崩			2	
S—C	下部页岩，上部厚层灰岩、白云岩	25 ～ 26.6km，链子崖一带	1.563	1648.13	崩塌滑坡	2	3		
T_2b^3/T_2b^2	上部泥灰岩为主，下部泥岩为主	30～31km，香溪河口；59～63.5km，大坪至观音桥左岸；69～71km 长江右岸	0.933	1518.67	滑坡岩崩	3	3	1	
Z	厚层灰岩、夹薄层泥质白云岩	14～16km	0.25	187.5	岩崩		1		
$\in_1$	厚层状白云岩、夹页岩（硬质岩为主）	16～19km，至九畹溪、柚子林	0.667	185.44	岩崩滑坡		3	1	
S/P	页岩夹砂岩、泥质灰岩	23.8 ～ 25km，至新滩镇/26.6～27km，至霸王滩、白沱	1.563	75.31	滑坡			4	

续表

地层时代	组合特征	库岸段	滑坡密度	体积模数	类型	规模（$\times10^4m^3$）			
			个/km	万方/km		>1000	100～100	10～100	<10
J1x /J_{1-2}n	砂岩夹页岩、碳质页岩	31～32.5km，至窑湾溪；41～41.5km，至何家湾；52～59km，石门溪至牛口滩	0.667	874.39	滑坡	3	4	5	
T_2b^{4-5}～T_3	白云岩夹页岩、泥岩，砂岩夹煤层	41～52km，至台子湾、上石门；59～62km，至凉水井、大坪；68.5～69.5km，雷家坪一带	0.767	467.08	滑坡	3	11	9	
T_2b^3	灰岩、泥灰岩夹泥岩	66.5～68.5km，观音桥至东瀼口左岸；69.5～72km，长江左岸；67.5～76.6km，二道桥至巴东港	0.882	226.06	滑坡	1	7	3	
T_1d	灰岩、泥灰岩和页岩互层	27.0～28km，至唐王石	0.5	11				1	
J_2～J_3	泥岩、砂岩互层	32.5～41km，至吴家嘴	0.471	126.63	滑坡崩塌	1	4	2	1
T_2b^2	泥岩粉砂质、泥岩互层（软岩）	66.5～67.5km，巴东老城区右岸；72～75.5km，旧县坪至太矶头左岸	0.941	275.12	滑坡	1	4	3	
δ2	花岗闪长岩、花岗岩	库首10km，至南林溪、美人沱	0.05	0.38	危岩				1
P_tk	侵入变质岩	8～14km，至柳林溪、锯子梁	0	0					
δ2	风化花岗岩	库首10km范围内	0	0					

从统计结果看，滑坡主要集中在软硬岩组合地层，对于均一的层状和块状岩层发生滑坡的几率较小，且主要为中小型规模。具有上硬下软二元结构岩性组合的库岸斜坡滑坡线密度和规模均高于多层结构斜坡，以大型、巨型滑坡为主，代表性的滑坡有：链子崖危岩（崩塌）、新滩滑坡（崩塌-堆积体滑坡）、黄腊石滑坡（切层滑坡）、赵树理岭滑坡（顺层滑坡）。二元结构斜坡通常跨越两套或多套地层，软硬岩性差异明显，软弱层发生变形的空间和规模相对夹层或互层结构要大，因此，所形成的滑坡具有密度大、规模大、形式多样的特点。具多层结构的斜坡在区内分布十分广泛，按软弱层分布的规律和密度可分为夹层和互层两类，夹层结构岸坡中发育巨型滑坡的线密度为 0.094 个/km，发育大型滑坡的线密度为 0.348 个/km，相对于互层结构的线密度分别为 0.073 个/km、0.291 个/km，前者略高于后者。从图 2-8 中各类岩性组合内不同规模滑坡所占比例的分布规律看，夹层结构和互层具有一致性的特点。

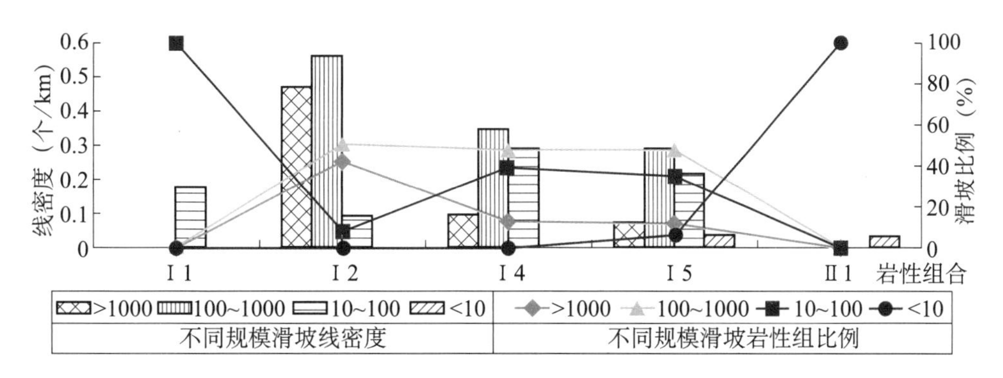

图 2-8　岩性组合与滑坡规模关系图

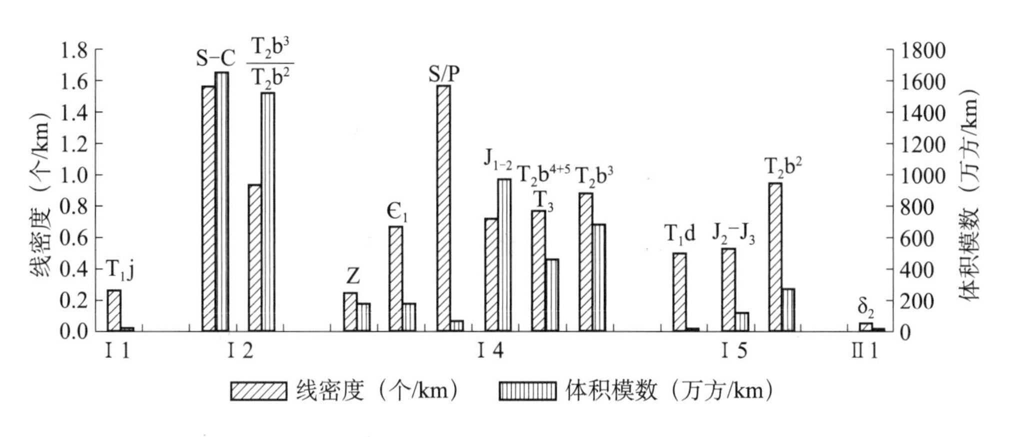

图 2-9　岩性组合与滑坡密度关系图

按地层时代将夹层结构岸坡分为六段（图 2-9），震旦系和寒武系地层以厚层碳酸盐为主，滑坡发育数量寒武系大于震旦系而规模相近，二者发育滑坡的性质也近乎相似，可将两者归为一类。志留系至二叠系地层在区内分布范围不大，岩层以软岩为主，夹数层硬质砂岩，因此滑坡线密度很大，但规模很小。而 T_2b^3 和 J_{1-2} 主体岩性为灰岩、泥灰岩及砂岩，属硬质岩夹软岩结构，滑坡规模相对较大。T_2b^{4+5} 和 T_3 内包含 T_2b^4 软岩为主的岩层，因此，滑坡发育的规模相对 T_2b^3 和 J_{1-2} 要小一些。上述分析可以看出，以硬质岩为主的滑坡较软质岩发生滑坡的几率小、规模大。

按岩层产状和岸坡坡向的关系可将库岸分为顺向坡、反向坡（切层滑坡）和斜交坡。从图 2－10 的统计结果看，在均一岩性结构的岸坡中发生的均为崩塌引起的滑坡，岩质均一、坚硬，易形成陡峭的斜坡，斜坡稳定性主要受控于结构面的组合。在上硬下软岩性组合结构的岸坡发生崩塌的数量组多，上硬下软结构岸坡软弱层基座易被软化或掏空，上部硬质岩失去支撑易发生崩塌；顺层滑坡和切层滑坡的数量一致，线密度前者略高于后者，说明岩性对斜坡稳定性的控制作用大于岩体的结构性；发生在斜交坡中滑坡的线密度最大，主要是因为斜交坡在区内分布范围很小。夹层结构和互层结构岩性组合均表现为顺层滑坡数量最多、密度最大，层内的软弱层或软弱夹层多富含泥质，当存在良好的临空条件时极易发生滑坡，因此，顺层滑坡发生的几率最高。夹层结构岸坡中软弱夹层不存在良好的临空条件时，受节理的影响十分明显，节理面和夹层的组合或节理面之间的组合构成临空滑面，因此，切层滑坡和斜交滑坡发生的几率近乎相等。互层结构岸坡中相对软弱的岩层在水的长期作用下易软化、泥化、崩解，硬质岩层失去支撑沿节理面易拉裂形成贯通的滑面，因此，发生切层滑坡的几率大于斜交坡。

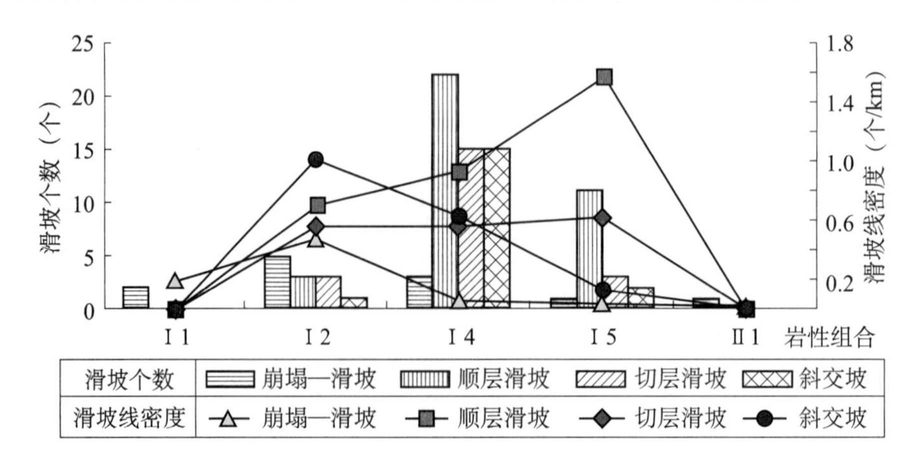

图 2－10　岩性组合和滑坡类型关系图

综上所述，不同岩性组合结构的边坡发育滑坡存在以下规律：

（1）均一岩性组成的岸坡发生滑坡的几率最小，滑坡形式以结构面组合下的崩塌、危岩为主。

（2）上硬下软二元岩性组合结构发生滑坡的几率最大，规模最大；夹层结构相对互层结构发生大型滑坡的几率大；软岩为主的边坡相对硬岩为主的边坡发生滑坡的几率高，但规模相对较小。

（3）除了岩性组合的影响外，岩体结构面和边坡临空面的关系影响也十分明显。顺层结构的岸坡发生滑坡的几率相对切层和斜交坡要大，因此，需要进一步按岩体控制结构面和边坡临空面的关系划分岩体结构。

3. 崩、滑体发育与岸坡结构关系密切

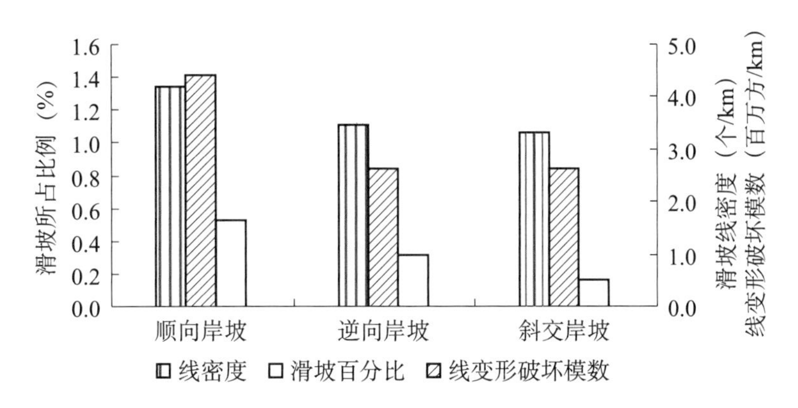

图 2-11　库首区不同类型岸坡的滑坡发育比例及破坏强度（据李远耀，2007）

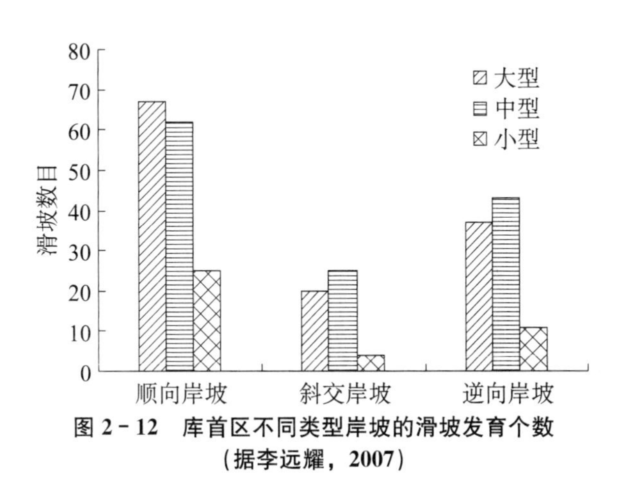

图 2-12　库首区不同类型岸坡的滑坡发育个数（据李远耀，2007）

根据对三峡库区库首段岸坡类型与滑坡关系的分析（见图 2-11 及图 2-12），库首区内顺层岸坡、逆向岸坡和斜交岸坡的滑坡线密度分别为 1.34 个/km、1.11

个/km 和 1.06 个/km，线变形破坏模数分别为 443.01×10^4 m^3/km、264.29×10^4 m^3/km 和 261.89×10^4 m^3/km。值得重视的是，就滑坡发育的频数而言，顺层岸坡中发育滑坡的频数占总频数的 52.38%，远大于其他两类岸坡，逆向坡和斜交坡发育情况基本相同。

4. 规模等级

研究区崩滑体规模分布统计见表 2-4。

表 2-4　研究区崩滑体规模分布统计表

体积分级（10^4 m^3）	数量（处）	占总数百分比（%）
>10000		
10000～5000		
5000～1000	22	5.73
1000～100	120	31.25
<100	242	63.02

就崩滑体规模分布而言，我们把研究区范围扩大至整个三峡库区，规模地域变化曲线见图 2-13。

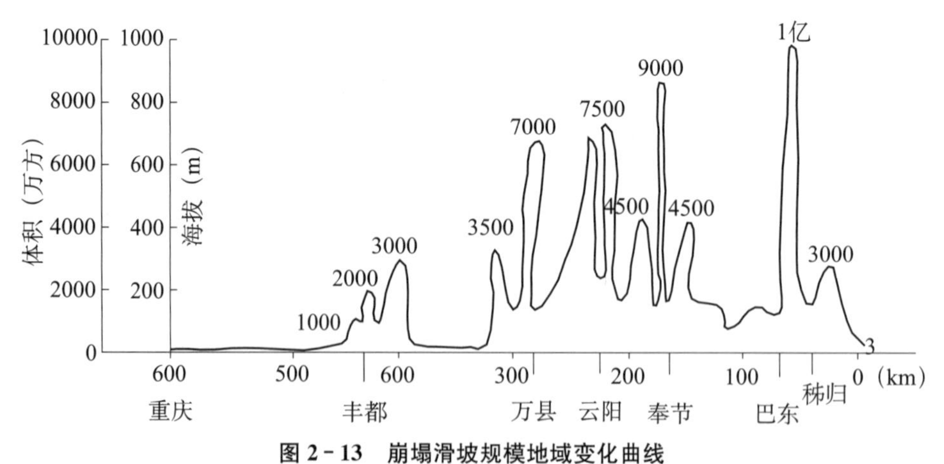

图 2-13　崩塌滑坡规模地域变化曲线

1. 滑坡后缘高程；2. 滑坡前缘高程；3. 滑体方量

从上述图、表分析可知，研究区崩塌滑坡规模具有以下特点：

（1）在蓄水以前，本区发育崩滑体规模以中小型为主，分别占总数的 31.25% 和 63.02%，其发育的特征条件为地质条件的缺陷耦合降雨条件的共同作用。

（2）崩滑坡的发育具有明显的地域性，受地层岩性、岸坡结构等控制较多。

（3）从图 2-12 可知，在顺层岸坡中发育的大型滑坡的数量远远多于小型滑坡。库区崩滑体明显受控于碎屑岩岸坡结构类型，尤其顺向岸坡是大型滑坡的温床；碳酸盐岩区具软弱基座的岸坡结构段则是崩滑体密集发育地带。

5. 前缘分布高程低

根据三峡水库特征水位，崩滑体的前缘高程统计区间为五个等级，分别为<100m、100～145m、145～156m、156～175m及>175m，统计结果见表2-5。

表2-5 研究区崩滑体分布高程统计表

崩滑体前缘高程（m）			崩滑体后缘高程（m）		
高程区间	崩滑体数量（处）	占总数百分比（%）	高程区间	崩滑体数量（处）	占总数百分比（%）
<100	78	17.85	100～200	54	12.36
			200～300	202	46.22
100～145	144	32.95	300～400	112	25.63
			400～500	38	8.70
145～156	60	13.73	500～600	17	3.89
			600～700	11	2.52
156～175	29	6.64	700～800	1	0.23
			800～900	1	0.23
>175	126	28.83	900～1000	1	0.23
			1000～1100		

就滑坡前缘高程分布而言，我们把研究区范围扩大至整个三峡库区，滑坡前缘高程分布见图2-14。

从上述图、表分析可知，研究区滑坡的前缘高程具有以下特点：

（1）除去高程大于175m的部分（其基本与水库蓄水无直接关联），滑坡前缘剪出口高程由高到低滑坡数呈增加趋势，其主要分布在100～145m区间。

（2）以阶地高程为界，剪出口高程略呈台阶状，即第3级台面。

6. 滑带发育规律

由于主滑带的发育特征对滑坡活动特征起控制作用，所以，将滑坡按滑带成因进行分类中，主要考虑主滑带的成因分类。滑带是滑坡的软弱带，形成软弱带的动力既可以是滑坡的自身动力，也可以是滑坡形成前的其他动力，如构造动力、风化营力或岩土体内原生的不同岩性间的接触面。因此，滑带成因分类中考虑滑带形成的动力特征，按晏同珍教授1994年提出的滑带面成因综合分类方案，将滑

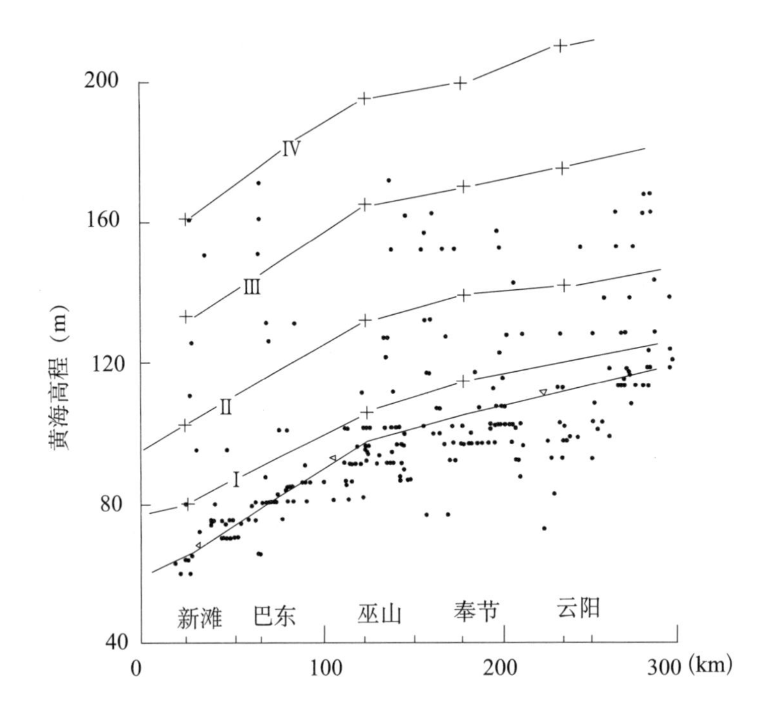

图 2-14　长江三峡库区滑坡前缘高程分布

带划分为四大类、七个亚类：

构造带型滑带：亚类——断层或构造破碎带、构造节理（裂隙）、层间错动带；

非构造型滑带：亚类——岩土接触带、岩石层面、片理面、风化带（面）；

自生滑带：滑坡自身动力形成的剪切错动带；

复合型滑带：主滑带不是单一成因，而是上述三类中两种或多种结构带（面）组合而成。

根据研究区内的滑坡滑带数据分析，三峡库区发育前述分类中除自生滑带外的其他三大类滑带、五个亚类即非构造型土岩接触带滑带、非构造型岩层层面滑带、构造型断裂破碎带滑带、非构造型土层界面滑带及非构造型基岩风化面滑带。

滑带面几何形态分类是最常见的从滑带面角度的滑坡分类。常见的分类原则中，将滑带面按形态分为直线形、折线形、弧形，库区大型滑坡三种形态的滑带面都非常多见。

（1）不同成因类型的滑带发育特征

在三峡库区发育的上述三大类、五个亚类的滑带中，非构造型土岩接触带滑带在三峡库区最为发育，至少有 46％的滑坡滑带沿各种土岩接触带发育；非构造型各种岩层面滑带约占21%；构造型断裂破碎带滑带在三峡库区中约占17%；其他类型滑带相对较不发育，约占大型滑坡的24%（图2-15）。显然，土岩接触带面是最易发滑带层位。由于三峡库区岩层以碎屑沉积岩为主，尤其泥岩、泥质胶结粉砂岩较多，所以多发各种顺层滑坡。

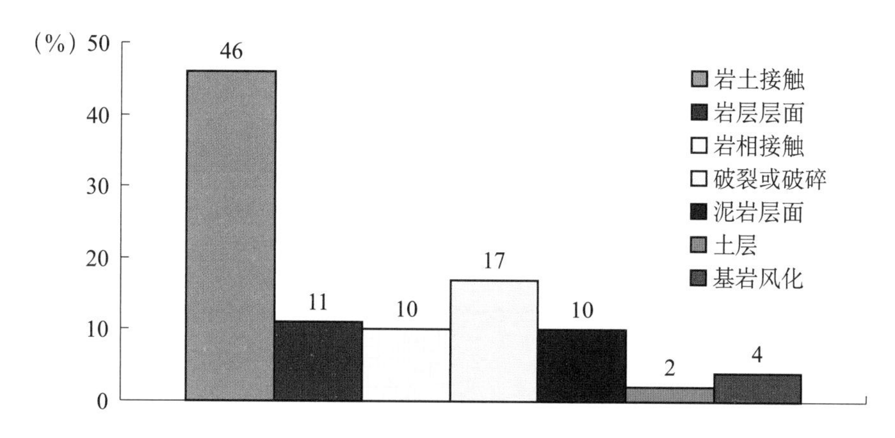

图2-15 三峡库区大型滑坡不同成因滑带分布频率

（2）不同几何形态的滑带发育特征

根据现有数据，三峡库区大型滑坡中，折线形滑带最为普遍，弧形滑带次之，直线形滑带相对较少（图2-16）。

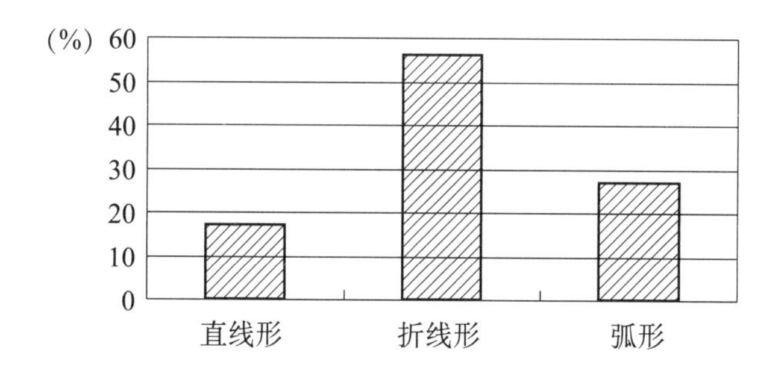

图2-16 三峡库区大型滑坡不同形态滑带分布频率

7. 变形、失稳时间

崩滑体前后缘的分布高程是分析失稳时间最直接的材料，即库区岸坡失稳涉及的最低高程大体上对应各阶段的I级阶地和II级阶地的阶面高程，而崩滑体后缘高程主要集中在300m及以下，说明它们基本上是Q^3的产物。据三峡库区滑坡年龄测定成果（表2-6）表明，滑坡在历史上的分布是不均匀的，在距今5万年到41万年之间，滑坡发育有三个活跃期：5～17万年，27～31万年，37～41万年。

表 2-6　三峡库区古滑坡绝对年龄

序号	滑坡名	样品	测定方法	年龄×10^4（a）	资料来源
1	杨家岭	平洞滑带土	TL	2.7	长委勘总（1990）
2	大坪	滑带土	TL	27.7±1.39	张学年等（1993）
3	谭家湾	平洞滑带土	TL	7.48±2.24	同 1
4	新滩	平洞滑带土	TL	4.46±0.89	同 1
5	黄腊石大石板	平洞滑带土	TL	10.58±2.68 12±3.6	同 1
6	黄腊石石榴树包		TL	29.55±2.36	同 1
7	台子角	ESR		8.58±2.57 8.06±2.58	同 1
8	赵树岭	TL		11.68±0.9	崔政权等（1996）
9	黄土坡滑坡（上部）	滑带土 石英	TL	39.25 41.2 37.29	钟立勋等
10	曲尺盘	滑带土	ESR	9.1±1.8	同 2
11	百换坪	滑带土	TL	33.14±1.65	同 2
12	藕塘	TL	16—17	同 8	
13	故陵	ESR		12.6±0.63 12.46±1.03 14.28±1.2	同 2 同 8 同 8
14	旧县坪西	滑带土	TL	2.92±0.14 5.61±1.68	同 2
15	茨草沱	滑带土	TL	26.6±1.33	同 2

3 水库岸坡变形规律分析

3.1 水库蓄水过程

根据三峡水库历来的实测水位高程，水库蓄水可分为三个阶段。

第一阶段，135m 蓄水。三峡水库自 2003 年 6 月 10 日蓄水至 135m 水位，11 月 5 日达 139m 水位。此后 3 年三峡水库水位一直在 135～139m 之间波动。

第二阶段，156m 蓄水。三峡水库自 2006 年 9 月 20 日再次蓄水，10 月 27 日达 156m 水位。此后 2 年三峡水库水位一直在 145～156m 之间波动。

第三阶段，175m 试验性蓄水。三峡水库自 2008 年 9 月 28 日零时开始蓄水，10 月 8 日 8 时蓄至 156m 水位，暂停蓄水；10 月 17 日零时开始试验性蓄水，11 月 10 日蓄水至 172.8m。11 月 14 日下午 16 时，库水位缓慢下落。截止到 2009 年 3 月底，坝前水位回落至 159m，5 月底降到 155m，6 月 10 日降至 145m。2009 年汛后，9 月 15 日零时开始蓄水，起蓄水位 145.8m，2009 年 11 月 24 日坝前水位蓄水至 171.43m 左右，此后库水位在 170m 左右波动。2010 年汛后蓄水至 175m 水位，之后年份水库水位在 145～175m 间波动。

三峡水库 2003—2014 年蓄水过程曲线见图 3-1。

根据三峡水库不同阶段蓄水高程，三峡水库库首段各阶段蓄水位的最大水深与新增淹没深度见表 3-1。

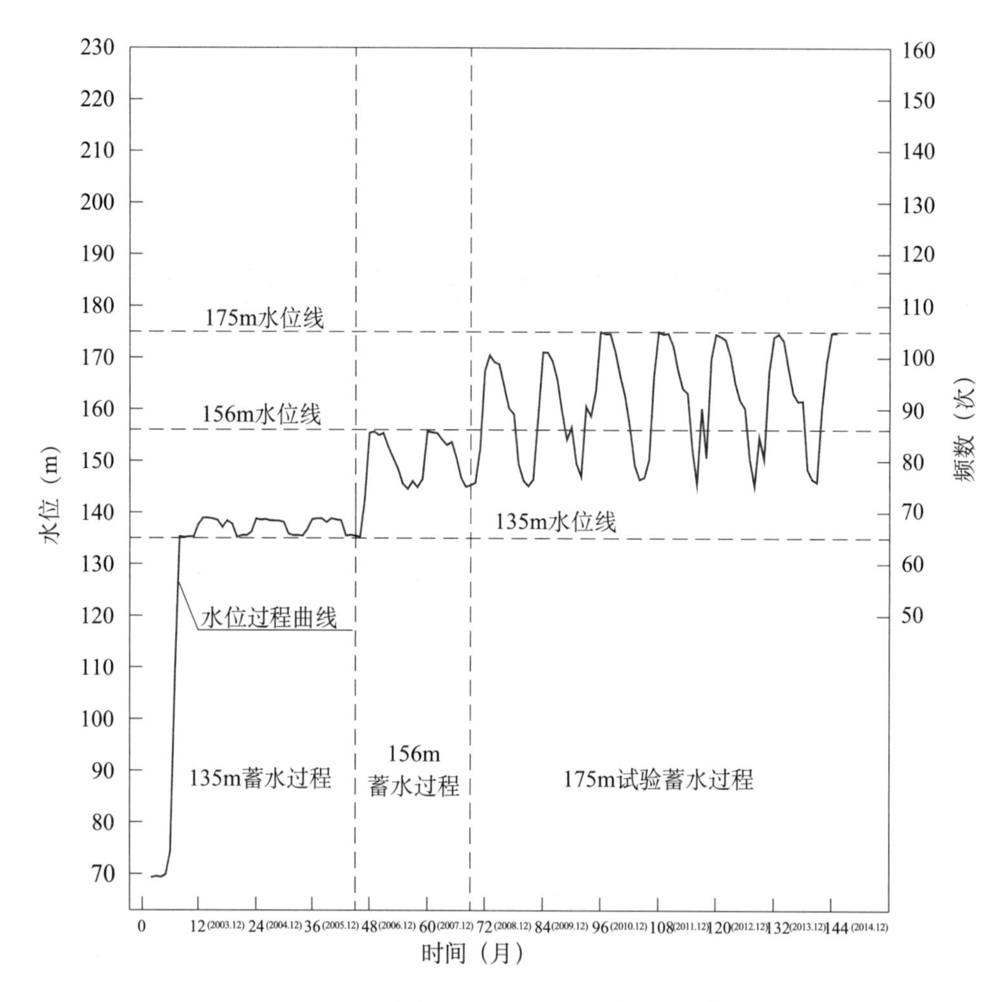

图 3-1　三峡水库 2003—2014 年蓄水过程曲线

表 3-1　三峡水库库首段各阶段蓄水位的最大水深与新增淹没深度

蓄水位（m）	135	156	175
坝前最大水深（m）	120	141	160
新增水头（m）	70	91	110

3.2　蓄水前水库岸坡变形本底研究

葛洲坝水利枢纽设计蓄水位 66.5m，与自然河流状态相比，在坝前比长江枯水位提高水头 27.5m（坝址处常年枯水位 39m），比常年洪水位提高仅 12.3m（坝址处多年平均洪水位 54.2m）。水库洪水期回水至秭归（特大洪水）或巴东，枯水期回水至大溪，库长 190km。因此，三峡工程坝址到香溪河口段库岸既是三峡水利枢纽库区的库首段，也是葛洲坝水利枢纽库区的组成部分。所以，葛洲坝水利枢纽库区三斗坪（三峡坝址）—秭归牛口段库岸斜坡变形亦可作为三峡水库蓄水前水库库岸斜坡变形的本底值。

1. 1990 年，对葛洲坝水库自 1981 年蓄水 10 年以来的水体库岸变形调查结果表明：

(1) 水库运行 10 年来，岸坡的稳定状况较好，长江两岸原有的古老滑坡在葛洲坝水库蓄水的情况下没有什么明显的改变。特别是属正在发展型的滑坡，也并未因库水的作用而恶化，仅个别滑坡体前缘部分复活。

水库沿岸水位变动区范围内，如水库前库段和香溪河内，岸坡松散堆积层斜坡产生的变形规模小，且大部处于变形的初期阶段，有些斜坡土体经过一定的调整变形后会稳定下来，有些则会继续发展，乃至形成整体滑动；在宽谷段，庙河—莲沱一带以及香溪—秭归一带两岸塌岸现象较为普遍，其余库岸段塌岸现象少见，塌岸的发展总体上是由强到弱的过程，最终趋于稳定。

(2) 大溪至坝南津关长江两岸岸坡中存在约 47 处古老崩塌、滑坡体等，除新滩滑坡在自然状态下整体失稳（与水库蓄水无关），以及马家河（雷家坪前缘部分）、八字门、西瀼口三处古老滑坡体前缘小规模（马家河方量 $50\times10^4m^3$、八字门方量 $188\times10^4m^3$、西瀼口方量 $30\times10^4m^3$）复活外，其他一般仍保持原有的自然状态。

(3) 葛洲坝水库形成后，虽无大规模的岸坡再造活动，但水库运行 10 年来情况表明，松散堆积层分布地段的变形是明显的。斜坡松散堆积体产生滑塌，平台松散堆积体产生逐级塌岸和整体塌滑。葛洲坝水库蓄水直接引起和间接引起的土层塌滑共有 9 处，其中长江干流岸坡上有犁园湾、王家河（部分为基岩）、泄滩小学、东瀼口等 4 处，支流香溪河内有香溪镇、包袱台、王家坝、乔家坝、叶家河等共 5 处。其规模和性状见表 3-2。

由于葛洲坝水库蓄水而引起的坍岸地段主要集中在长江两岸一级阶地分布区，较为严重的坍岸段有 4 处：大沱一黄陵店、旧州河、银杏沱一杨泗庙、兰陵溪一沙湾；坍滑体 3 处：卜庄河、旧州河、黑岩子矿洞。坍岸段与坍滑体规模与性状见表 3-3。

表 3-2 葛洲坝水库蓄水 10 年来三斗坪至牛口段库岸变形（滑坡）特征

名称	面积（km^2）	体积（10^4m^3）	变形方式	变形时间	备注
马家河	0.075	50	牵引	1982 年	退水期，复活
八字门	0.02	40	牵引	1981 年	退水期，复活
庙湾	0.074	148	牵引	1981 年	退水期，复活

续表

名称	面积（km^2）	体积（10^4m^3）	变形方式	变形时间	备注
西瀼口	0.04	30	牵引	1984年	退水期，复活
王家河	0.016	8.0	座落	1987年	新生
泄滩小学	0.04	12.0	推移与牵引	1981年	新生
东瀼口	0.03	13.0	牵引	1982年	新生
包袱台	0.063	18.0	蠕滑拉裂	1981年	新生
王家坝	0.05	20.0	牵引式蠕滑	1984年	新生
叶家河	0.012	4.8	牵引式蠕滑	1981年	新生
卜庄河	0.08	20	滑移型塌岸	1981年	新生
旧州河	0.01	0.5	滑移型塌岸	1982年	新生
黑岩子矿洞			滑移型塌岸	蓄水加剧	新生
犁园湾	0.02	8.0	蠕滑拉裂	1988年	与蓄水无关，移民
乔家坝	0.023	10.0	蠕滑拉裂	1983年	与蓄水无关，移民
香溪镇	0.05	130.0	非整体性位移	1980年	与蓄水无关，移民
新滩	1.10	2000		1985年	与蓄水无关

表3-3　葛洲坝水库蓄水10年来三斗坪至牛口段库岸变形（塌岸）特征

名称	长度（km）	塌岸宽度（m）	备注
大沱—黄陵店	3.2	最大15～25，一般3～5	
覃家沱—许家冲	1.51	2～7	
银杏沱—杨泗庙	2.15	最大7～10，一般3～5	
兰陵溪—沙湾	0.9	2～3	

2. 2001年，三峡水库第一阶段135m蓄水前期，研究区库岸变形调查表明，三峡工程坝址至牛口三十余公里近坝库段，作为葛洲坝水库的组成部分，经过葛洲坝水库二十余年的再造，岸坡已基本趋于稳定。也即是说，在2003年6月135m蓄水前，近坝库段岸坡稳定性总体良好，其稳定状况为：

(1) 坝址至庙河库段，在北岸冲刷区内的柳林碛—黑岩子、百岁溪口—东岳庙等，南岸的赵家岭—周家沱、孟家湖—曲溪口等库段水下部分基岩全强风化岩石被完全冲刷，弱风化带上部被部分冲刷；高程60～75m水位变动带内全风化层被完全冲刷，地形坡角25°～30°；兰陵溪右岸—三峡坝址段内被部分冲刷，目前地形坡角22°～25°；水位线高程70～75m上方沿线岸坡基本稳定，全风化层出现滑落，沿裂面有小规模崩塌，庙河段稳定坡角 35°～38°，庙河—兰陵溪右岸稳定坡角 30°～36°，兰陵溪右岸—三峡坝址稳定坡角 30°～32°。

(2) 庙河—牛口库段，库岸稳定性好。岸坡结构以斜向坡为主，岸坡整体稳定较为有利。该段共有崩、滑坡体 7 处，总体积 $7460\times10^4 m^3$，其中 1 处危岩体，即链子崖危岩体，较大的滑坡体有新滩滑坡体、野猫面滑坡体。新滩滑坡体目前处于稳定状态；链子崖危岩体于 1995 年 5 月—1997 年 8 月进行了工程治理，处于稳定状态；野猫面滑坡体整体稳定状态较好，2003 年 7 月局部有变形迹象。

3.3 135m 蓄水对库岸变形的影响

本阶段历时过程为：2003 年 6 月初下闸蓄水，以高水位 139m、低水位 135m 运行 3 年，至 2006 年 9 月中下旬。

3.3.1 岸坡变形的地质表征

1. 干流土质岸坡与土-岩复合岸坡

研究区土质岸坡，因厚度及物质成分有所不同，岸坡变形调整规模、形式也有差异，主要表现形式是人工堆积体受库水浸泡和冲刷后，坡脚掏蚀，坡面（或护坡）小规模滑塌，如在太平溪港滑轨北侧护坡出现小范围滑塌（图 3-2)、码头南侧冲沟内堆积体变形崩滑（图 3-3)。部分堆积体坡脚虽位于水位线以上，但因下部岸坡发生库岸再造，导致人工堆积体产生崩塌（图 3-4)。在地表水入渗、冲刷作用下堆积体发生沉陷、变形，此类变形在长江南岸沿江公路外侧第四堆积边坡较常见。

图 3-2 太平溪港码头人工堆积体护坡小型滑塌
(2006 年 6 月 15 日摄)

图 3-3 太平溪港码头南侧人工堆积体滑塌
(2006 年 6 月 12 日摄)

图 3-4　太平溪港码头下方人工堆积体崩塌
（2006 年 6 月 3 日摄）

图 3-5　135～139m 水位消落带及其上方浪蚀坎
（2006 年 6 月 10 日摄）

2. 干流岩质类岸坡

（1）结晶岩库段

高程 135m 水位以下，冲刷区内全强风化岩体出现冲刷，并逐渐趋于稳定。高程 135～139m 水位变幅带内，全风化带的风化砂被完全冲刷；沿 139m 水位线上方形成高 0.5～2m 的浪蚀坎（图 3-5），侵蚀-剥蚀型库岸再造形式普遍发育，库岸再造宽度仅 0.5～2m，局部地段表层全风化岩体及其上覆盖层出现弧状滑落或崩塌，此类崩塌体（滑落体）一般宽 10～20m，高 5～10m，体积规模在数十立方米到数百立方米不等，影响范围 10m 以内（图 3-6、图 3-7）。

图 3-6　全强风化岩体浪蚀作用下崩塌

图 3-7　结晶岩库岸小型崩塌

（2）碳酸盐岩夹碎屑岩峡谷库段

本段库岸主要由碳酸盐岩组成，蓄水初期，水位提升约 70m，破坏了岩质岸坡的地下水循环系统平衡，但组成岸坡的各类硬质岩石的特性并未有实质性的变化，对岸坡稳定的影响也较轻微。在蓄水 2 年后，岸坡的水文循环系统又逐渐趋于平衡，岸坡并未发生大变形调整。长江北岸的庙河—掉岩坡、门尖子坡—屈原镇、新滩广家岩—香溪河段岸坡和南岸的九曲垴—路口子以及链子崖上游库岸，均未发现明显变形调整。

3. 干流滑坡质岸坡

135m 蓄水后，部分库岸发生了较明显的变形调整。野猫面滑坡在蓄水初期2003 年 6—7 月局部出现了地表裂缝；砚包滑坡在蓄水后的 2003 年 8 月至 2004 年 6 月也发生了较强的变形调整，滑坡体现在仍然在变形过程中。

4. 支流库岸

支流库岸变形调整规模、形式与干流库岸基本一致。在支流（溪沟）入河口，岸坡常呈尖嘴状突入江中，库岸再造影响范围较支流一般地段稍大，水位线上方局部全强风化岩体崩塌较发育，但规模一般也不大，长江南岸杉木溪，北岸的端坊溪、柳林溪、林家溪等溪流入河口岸段均有此类变形发生。

3.3.2 岸坡变形特征分析

三峡水库自 135m 蓄水以来，牛口—坝址库岸河段岸坡变形特征见表 3－4。

表 3－4 135m 蓄水库首段岸坡变形特征一览表

序号	地质灾害名称	河流名称	岸别	高程（m）		规模		变形初始时间	水位涨落
						面积	体积		
				前缘	后缘	（$10^4 m^2$）	（$10^4 m^3$）		
1	江坝子石滑坡	长江	左	110	300	3	5.25	2003 年 6 月 9 日	涨
2	八字门滑坡	香溪河	右	65	315	33.8	760	2003 年 6 月 10 日	涨
3	砚包崩塌体	长江	左	80	240	0.4	12	2003 年 6 月 12 日	涨
4	上石门滑坡	长江	右	135	240	7.5	150	2003 年 6 月 13 日	涨
5	镇水泥厂南侧滑坡	童庄河	右	130	225	3.1	25	2003 年 6 月 13 日	涨
6	大岭坡滑坡	香溪河	右	95	300	3.25	49	2003 年 6 月 20 日	涨
7	墨槽滑坡	童庄河	右	128	194	4.5	50	2003 年 6 月 20 日	涨
8	莲花沱滑坡	长江	右	74	200	10.5	210	2003 年 6 月 25 日	涨
9	谭家湾滑坡	袁水河	右	200	450	6	300	2003 年 6 月 26 日	涨
10	老蛇窝滑坡	长江	右	75	315	10.7	214	2003 年 6 月 30 日	涨
11	白水河滑坡	长江	右	74	410	52	1820	2003 年 7 月 2 日	涨
12	泄滩老镇滑坡	长江	左	75	340	42	1260	2003 年 7 月 2 日	涨
13	坍口湾滑坡	童庄河	右	100	235	10	100	2003 年 7 月 10 日	涨

续表

序号	地质灾害名称	河流名称	岸别	高程（m）		规模		变形初始时间	水位涨落
				前缘	后缘	面积（10^4m^2）	体积（10^4m^3）		
14	千将坪特大滑坡	青干河	左	100	450	100	2400	2003年7月13日	涨
15	卡子湾滑坡	咤溪河	左	90	440	70.8	2100	2003年7月14日	涨
16	吊岩壁滑坡	长江	左	200	500	0.54	2.16	2003年7月15日	涨
17	野猫面崩滑体	长江	左	63	650	76.8	800	2003年7月15日	涨
18	三门洞滑坡	青干河	右	105	330	36.4	546	2003年7月15日	涨
19	白家包滑坡	香溪河	右	73	235	36	730	2003年7月16日	涨
20	贾家店滑坡	香溪河	右	95	300	8.25	165	2003年7月16日	涨
21	桃树坪滑坡	咤溪河	右	100	300	20	250	2003年7月16日	涨
22	邓家湾滑坡	青干河	右	95	225	13.5	338	2003年7月19日	涨
23	卧沙溪滑坡	青干河	右	100	405	28	42	2003年7月19日	涨
24	柏树窝滑坡	童庄河	右	90	160	15	525	2003年7月21日	涨
25	陈家屋场滑坡	九畹溪	右	135	350	20	300	2003年7月22日	涨
26	石槽溪滑坡	青干河	左	180	300	2.5	20	2003年7月23日	涨
27	孙记汶滑坡	咤溪河	右	128	225	1.9	15	2003年7月25日	涨
28	陈家湾滑坡	泄滩河	左	90	230	8.65	108	2003年7月27日	涨
29	青岩包滑坡	青干河	右	150	280	2	60	2003年9月5日	平
30	树坪滑坡	长江	右	65	450	53.0	2360	2003年10月26日	平
31	谭家河滑坡	长江	右	75	425	220	11000	2004年3月6日	退
32	中心花园滑坡	长江	右	100	190	6.7	97	2004年5月10日	涨
33	作坊滑坡	青干河	右	155	326	2.5	45	2004年6月30日	退
34	王家湾滑坡	苏溪沟	右	140	370	31.9	223.44	2005年5月15日	平
35	杨家沱滑坡	长江	右	75	340	22.5	555	2006年7月3日	平

水库自135m蓄水以来，研究区累计共发生岸坡变形事件35例，其中干流13例，支流22例；按变形的体积划分，小型2例，中型11例，大型16例，特大型5例，巨型1例。可见，135m蓄水对岸坡的变形影响有限，主要为中大型的库岸斜坡变形。

水库 135m 蓄水引发变形斜坡的频数、体积月度分布分别见图 3－8、图 3－9。从图中可见，岸坡变形事件主要发生在 6、7 月，其发生的频次占总数的 85.7%。水库 135m 蓄水引发变形斜坡的体积规模的月度分布见图 3－9。从图中可见，岸坡变形事件主要发生在 6、7 月（其中的 3 月因为极端事件——千将坪滑坡为巨型规模），其发生的体积占总数的 50%；若除开 3 月极端事件不计，其发生的体积占总数的 83.5%，为灾害集中爆发期。可见，本阶段 6、7 月为灾害集中爆发期。

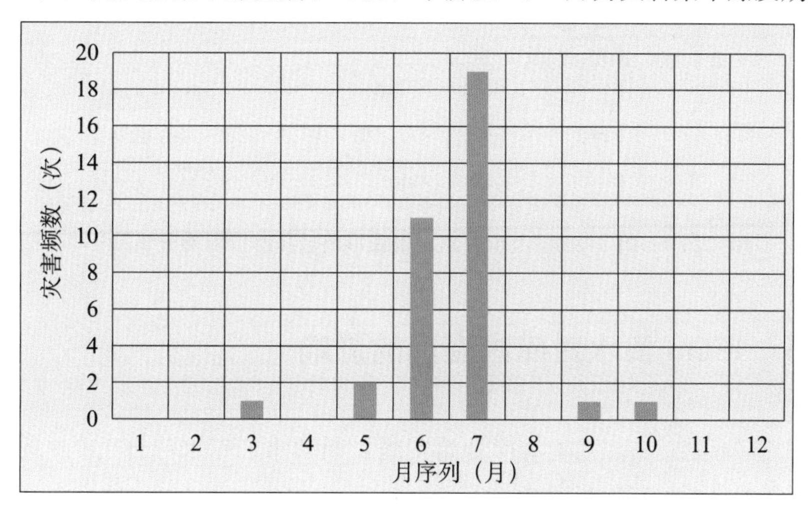

图 3－8　水库 135m 蓄水引发变形斜坡的频数月度分布图

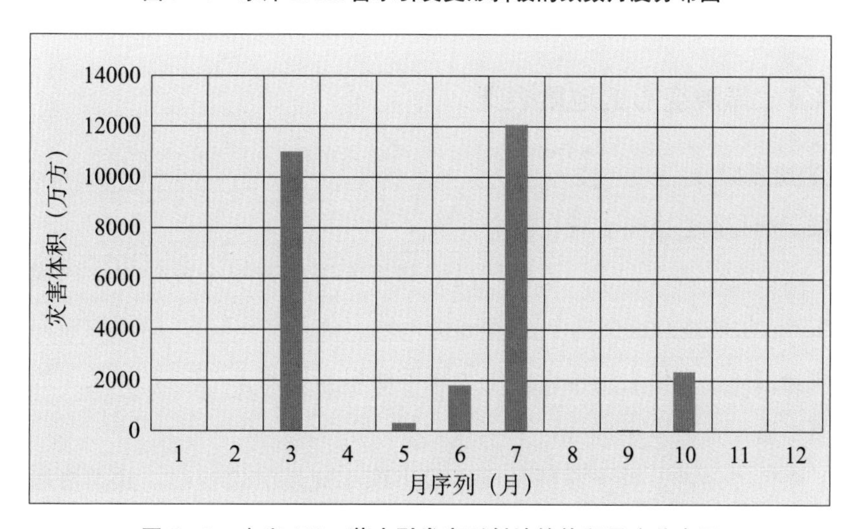

图 3－9　水库 135m 蓄水引发变形斜坡的体积月度分布图

图 3－10 为水库 135m 蓄水引发变形斜坡与水位涨落关系分析，从图中可知，本阶段为水库初步蓄水阶段，与此相关联的岸坡变形多发生在涨水期，占总数的 83%，平水期占 11.4%，退水期占 5.6%。据此，就水库蓄水对库岸斜坡宏观影响而言，初次蓄水对岸坡地质体的劣化与浮托效应的影响是最大的。

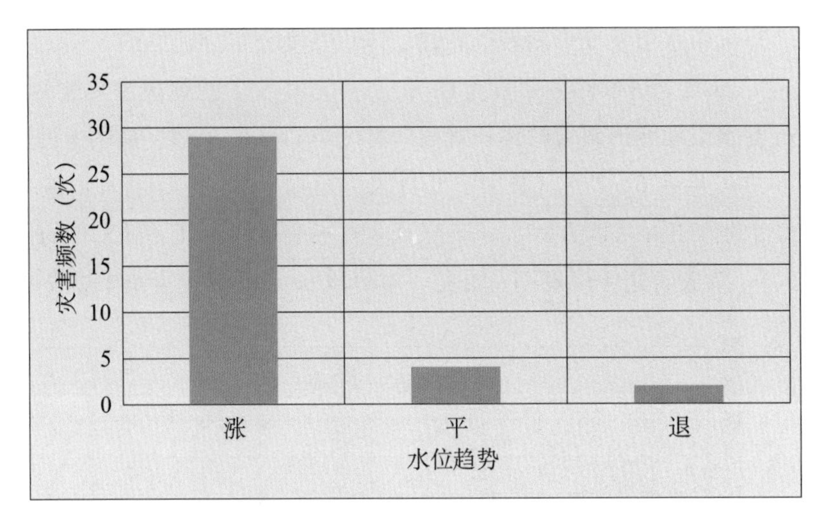

图 3-10　水库 135m 蓄水引发变形斜坡与水位涨落关系图

3.4　156m 蓄水对库岸变形的影响

2006 年 9 月 20 日，三峡水库开始实施二期蓄水，库水位自 139m 缓慢抬升，10 月 27 日达到 156m 水位，开始以 156m 水位运行；2007 年 6 月至 9 月间为防汛调度期，以防洪限制水位 144m 运行，而后库水位又抬升至 156m。

3.4.1　岸坡变形的地质表征

1. 岩质库岸段

岸坡变形和调整主要表现在两个方面：

（1）水位变动带内，干、支流结晶岩基岩库岸段表层全风化岩体出现冲刷剥蚀，沿 156m 水位线形成高 0.5～1.0m 的浪坎（如图 3-11）；局部顺坡向结构面发育库段全强风化岩体沿结构面产生小规模崩塌（如图 3-12），此类岸坡变形和调整属蓄水后正常的库岸再造。

（2）水位变动带及其上方局部库岸段出现小规模滑塌变形，此类滑塌主要是因受库水浸泡和冲刷影响，岸坡风化岩体或残坡积物被软化、掏蚀，导致水位变动带及其上方全强风化岩体及残坡积物沿软弱结构面产生滑塌，滑塌体（滑落体）体积一般为数十立方米至数百立方米，大者约数千立方米，其中较典型、规模较大的为柳林碛、杉木溪沟口两处滑塌。此类滑塌体（变形体）体积小、分布高程低，其失稳和变形未影响三峡枢纽工程安全及运行，也未影响长江航运；对移民新址和村镇基本上无直接影响，仅对局部环境有轻微影响。

图 3-11 156m 水位消落带及其上方浪蚀坎
（2008 年 3 月 8 日摄）

图 3-12 156m 水位消落带及其上方沿结构面产生的滑塌
（2008 年 3 月 8 日摄）

柳林碛滑塌体位于长江干流左岸、柳林溪口下游约 50m 处，岸坡主要由全强风化片麻岩和残坡积物组成，滑塌体宽约 45m，顺坡向长约 10～20m，后缘陡坎高 2～3m，体积约 1500m^3；水库 156m 水位运行期间出现拉裂、下滑迹象，4 月底随着库水位下降，变形、下滑加剧（如图 3-13）。

杉木溪溪口滑塌体位于长江干流右岸的杉木溪与长江交汇处山岬顶端，岸坡主要由全强风化片麻岩和残坡积物组成，片麻岩岩体顺坡向片麻理发育，水库 156m 水位运行期间此山岬产生拉裂、下滑入库，滑塌范围宽约 30m、高约 20m、体积约 2000～4000m^3，目前仅可见其滑塌体残余部分和滑塌面（如图3-14）。地质巡查中发现杉木溪左岸沟口一带地形较陡、岩体风化强烈且顺坡向片麻理发育，蓄水 139m、156m 水位后，溪口山岬处均产生小规模滑塌。

图 3-13 柳林碛库段片麻岩体滑塌破坏
（2007 年 5 月 13 日摄）

图 3-14 杉木溪沟口山岬滑塌
（2007 年 5 月 13 日摄）

2. 干流土质岸坡与土-岩复合岸坡

（1）未防护的人工堆积体岸坡，坡脚发育小规模滑塌，沿坡缘有拉裂迹象。

此类岸坡变形、调整基本沿库水线发育，滑塌变形一般高 5～15m、体积约数百立方米不等，影响范围一般在 20m 以内，主要系人工堆积体受库水浸泡和冲刷后，坡脚淘蚀所致。其中典型的有小盆芳右岸人工堆积体变形（图 3－15）、龙潭坪村人工堆积体变形（图 3－16）等。

图 3－15　小盆芳右岸人工堆积体变形
（2007 年 5 月 12 日摄）

图 3－16　龙潭坪村人工堆积体变形
（2007 年 5 月 13 日摄）

（2）已防护的人工堆积体岸坡段大部分地段无明显的变形迹象，仅局部有护坡不均匀沉降、护坡塌陷、挡墙拉裂等变形迹象。此类变形主要系库水冲刷、掏蚀所致，并与护坡施工质量密切相关。其中典型的有太平溪镇回填体护坡沉降（图 3－17）、太平溪镇回填体护坡塌陷（图 3－18）、小盆芳锚地堆积体护坡塌陷（图 3－19）、路家河西侧伍相庙码头挡墙拉裂（图 3－20）。

图 3－17　太平溪镇回填体护坡不均匀沉降
（2007 年 5 月 12 日摄）

图 3－18　太平溪镇回填体下部护坡塌陷
（2007 年 5 月 12 日摄）

图 3-19　小盆芳锚地堆积体护坡塌陷
（2007 年 5 月 13 日摄）

图 3-20　路家河西侧伍相庙码头挡墙拉裂破坏
（2007 年 5 月 12 日摄）

3.4.2　库岸岸坡变形特征分析

三峡水库自 156m 蓄水以来，牛口—坝址库岸河段岸坡变形特征见表 3-5。

表 3-5　156m 蓄水库首段岸坡变形特征一览表

序号	地质灾害名称	河流名称	岸别	高程（m）		规模		变形初始时间	水位涨落
				前缘	后缘	面积（10^4m^2）	体积（10^4m^3）		
1	香溪至贾家店库岸	香溪河	右	140	220		长约 200 米	2006 年 10 月 3 日	涨
2	老鼠窝不稳定斜坡	长江	左	200	225	0.2	1	2006 年 10 月 5 日	涨
3	何家大沟库岸	长江	右	150m 以下	210		长约 200 米	2006 年 10 月 11 日	涨
4	康沙坡不稳定斜坡	长江	右	150m 以下	220	1.5	7.5	2006 年 10 月 11 日	涨
5	苍坪滑坡	长江	右	79	645	26.5	398	2006 年 10 月 11 日	涨
6	核桃树湾滑坡	长江	右	100	350	30	300	2006 年 10 月 11 日	涨
7	伍家坡滑坡	青干河	右	140	600	35	525	2006 年 10 月 25 日	涨
8	肖家坟园库岸	长江	右				长约 30m	2007 年 3 月 13 日	退

续表

序号	地质灾害名称	河流名称	岸别	高程（m）		规模		变形初始时间	水位涨落
						面积	体积		
				前缘	后缘	（$10^4 m^2$）	（$10^4 m^3$）		
9	胡家坡滑坡	咤溪河	右	110	300	19.3	579	2007年3月28日	退
10	水田湾滑坡	长江	左	100	250	25	2000	2007年4月4日	退
11	大院子至云盘岭斜坡	长江	左	135	225	22.5	562.5	2007年4月16日	退
12	张家湾滑坡	童庄河	右	74	286	20.41	400	2007年4月23日	退
13	老屋场滑坡	青干河	左	380	410	0.125	0.25	2007年5月15日	退
14	向家岭南滑坡	咤溪河	左	153	250	3.4	51	2007年5月21日	退
15	屈原码头滑坡东斜坡	长江	右	237	255	0.2	0.4	2007年5月23日	退
16	宋家屋场滑坡	长江	左	90	280	15	90	2007年5月26日	退
17	邓家咀斜坡	长江	左	150	210	0.3	1.4	2007年6月3日	退
18	黄金坝滑坡	青干河	左	160	410	28	1120	2007年6月21日	退
19	台子湾东斜坡	长江	右	70	290	6.7	134	2007年6月22日	退
20	王家院子滑坡	咤溪河	右	122	395	35.8	1432	2007年6月22日	退
21	下土地岭滑坡	咤溪河	右	155	210	3.2	48	2007年6月23日	退
22	刘家坡滑坡	青干河	左	155	360	13.2	330	2007年6月26日	退
23	柏树咀滑坡	青干河	右	140	480	40	160	2007年6月28日	退
24	杉木溪居民点斜坡	长江	右	144	220	1.20	9.60	2007年6月29日	退
25	风竹坪滑坡	长江	右	175	375	6.1	87	2007年7月6日	退
26	周家坡滑坡	青干河	右	140	458	17.5	262.5	2007年7月14日	退
27	张家坝Ⅰ号滑坡东侧斜坡	青干河	左	250	340	2.5	12.5	2007年7月15日	退
28	戴家坪滑坡	长江	左	110	290	39.61	594.15	2007年8月2日	退

续表

序号	地质灾害名称	河流名称	岸别	高程（m）		规模		变形初始时间	水位涨落
						面积	体积		
				前缘	后缘	（10^4m^2）	（10^4m^3）		
29	杉木溪大桥左桥头斜坡	杉木溪	左	190	290	0.90	3.60	2007年8月29日	退
30	大沟坡Ⅱ号滑坡	青干河	右	225	570	20	200	2007年10月18日	涨
31	龙王庙滑坡	咤溪河	左	110	340	28	1400	2007年10月23日	涨
32	柳树沟滑坡局部变形	童庄河	右	200	380	11.7	234	2008年5月24日	退
33	杉木溪滑坡	杉木溪	左	135	275	7.2	21.6	2008年7月28日	退
34	归州宾馆斜坡	长江	左	234	261	0.25	0.5	2008年8月30日	退
35	归州垃圾填埋场滑坡	长江	左	324	380	1.5	6.9	2008年8月30日	退
36	香山路滑坡	锣鼓洞	左	320	390	0.36	6	2008年8月30日	退
37	大岭电站滑坡	锣鼓洞	左	169	425	20.7	83	2008年8月30日	退
38	瓦屋场滑坡	青干河	右	135	240	5.76	57.6	2008年8月30日	退

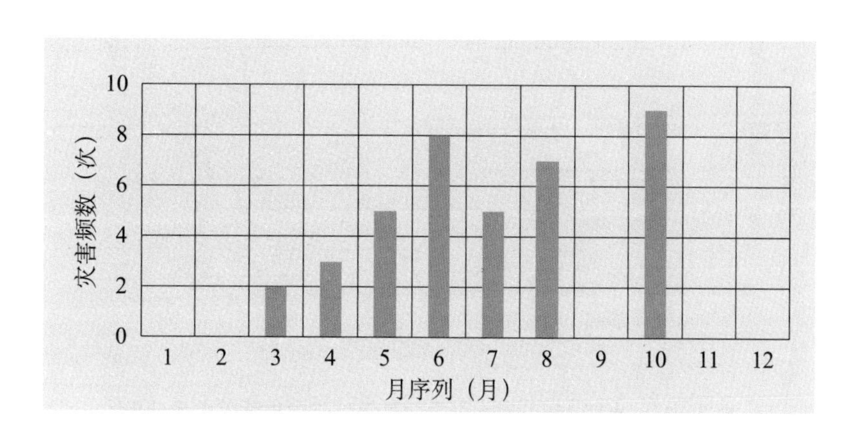

图 3-21　水库 156m 蓄水引发变形斜坡的频数月度分布图

水库自 156m 蓄水以来，研究区累计共发生岸坡变形事件 38 例，其中干流 17 例，支流 21 例；按变形的体积划分，小型 13 例，中型 8 例，大型 13 例，特大型 4 例。可见，156m 蓄水对岸坡的变形影响是进一步延伸的，主要为大型的岸坡变形。

水库 156m 蓄水引发变形斜坡的频数、体积月度分布分别见图 3-21、图 3-

22，从图中可见，岸坡变形事件主要发生在5—10月（9月无），其发生的频次占总数的89.5%。水库156m蓄水引发变形斜坡的体积规模月度分布见图3-22。从图中可见，岸坡变形事件规模较大的主要发生在4、6、10月，其发生的体积占总数的81%。可见，本阶段6、10月为灾害集中爆发期。

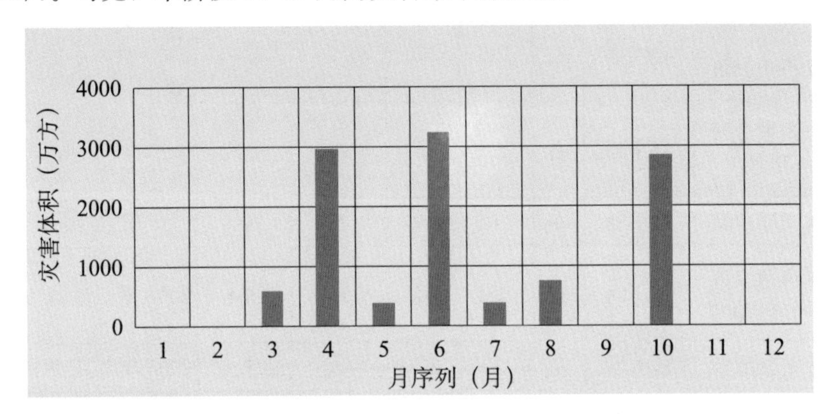

图3-22　水库156m蓄水引发变形斜坡的体积月度分布图

图3-23为水库156m蓄水引发变形斜坡与水位涨落关系分析。从图中可知，与本阶段蓄水相关联的岸坡变形多发生在退水期（含低水位运行期），占总数的73%，涨水期占27%。据此，就水库蓄水对库岸斜坡宏观影响而言，退水对岸坡地质体的动静水压力与劣化效应的影响是最大的。

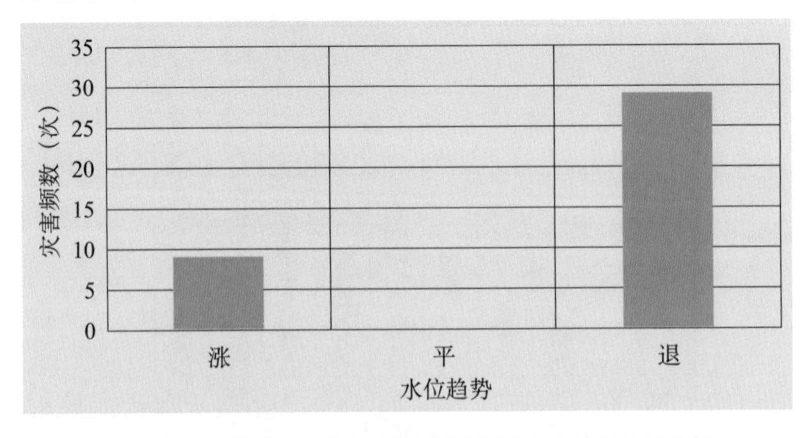

图3-23　水库156m蓄水引发变形斜坡与水位涨落关系分析

3.5　175m试验性蓄水对库岸变形的影响

2008年9月28日，三峡水库进入175m试验性蓄水，库水位自145.27m缓慢上升，至11月10日升至172.8m。

3.5.1 岸坡变形的地质表征

1. 干流土质岸坡与土-岩复合岸坡

人工堆积库岸段的变形和调整主要表现在两个方面：

(1) 未防护的人工堆积体岸坡，坡脚发育小规模滑塌，沿坡缘有拉裂迹象。此类岸坡变形、调整基本沿库水线发育，滑塌变形一般高 5～15m、体积约数百立方米不等，影响范围一般在 20m 以内，主要系人工堆积体受库水浸泡和冲刷后，坡脚淘蚀所致。其中典型的有小盆芳右岸人工堆积体变形（如图 3－24)、靖江溪左岸滴水坪人工堆积体变形（如图 3－25)、路家河西侧人工堆积体变形（如图 3－26）等。

图 3－24 小盆芳右岸人工堆积体变形
(2008 年 11 月 7 日摄)

图 3－25 靖江溪左岸人工堆积体变形
(2008 年 11 月 7 日摄)

(2) 已防护的人工堆积体库岸段，护坡无明显的变形迹象，仅局部护坡有轻微下沉拉裂迹象。

部分回填堆体平台有不均匀沉降变形现象，较典型的有太平溪镇回填堆积体平台、龙潭坪村三组居民点两处。

太平溪镇回填堆积体平台上引航路、商贸城一带不均匀沉降变形明显（如图 3－27)。不均匀沉降范围北至太平溪镇小学篮球场，南至太平溪镇中心幼儿园门前公路，主要表现为平台地面开裂、局部隆起、房屋墙体开裂整体微倾、路面下陷及地下污水管线变形排污不畅等，其南侧的上引航道护坡体无明显的变形迹象。

图 3-26　路家河西侧人工堆积体变形
（2008年11月7日摄）

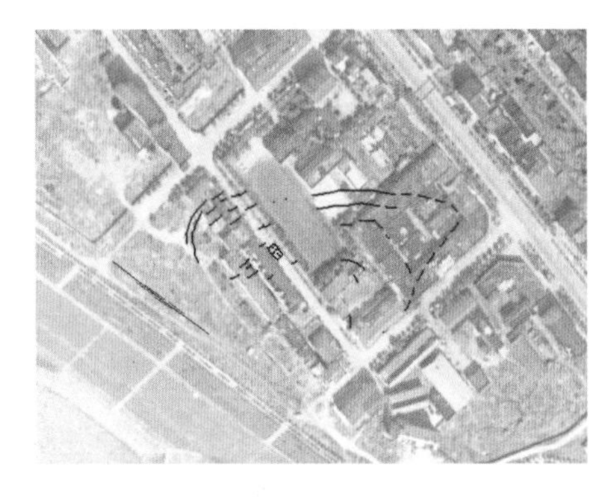

图 3-27　太平溪镇人工堆积体变形范围
（2008年11月10日摄）

2. 岩质库岸段

在库水位上升期及175m水位试运行期内，干流结晶岩岸坡变形和调整主要表现在两个方面：

（1）沿库水位线，结晶岩基岩库岸段表层全风化岩体出现冲刷剥蚀，沿172.8m（2008年11月10日水位）水位线正在形成浪蚀坎（如图3-28），局部顺浪坎边产生小规模滑塌。

图 3-28　结晶岩地段全风化岩体表层出现冲刷、剥蚀
（2008年11月7日摄）

图 3-29　陈家沟沟口滑塌变形体
（2008年11月12日摄）

（2）沿库水位线及其上方，局部地段出现一定规模滑塌变形，此类滑塌变形主要是因受库水浸泡和冲刷影响，岸坡风化岩体或残坡积物被浸泡、软化、掏蚀，导致全强风化岩体及残坡积物沿软弱结构面产生变形，变形体体积一般为数十立方米至数百立方米，大者约十余万立方米。其中较典型的有陈家沟沟口变形体、九曲垴渡口零星崩塌等。

①陈家沟沟口变形体：位于长江干流右岸、陈家沟左岸沟口（如图3-29），岸坡主要由全强风化片麻岩和残坡积物组成，片麻岩岩体中顺坡向片麻理发育。

后缘高程约220m，前缘没于水下，宽约40m、顺坡向长约70～80m、坡体厚3～5m，总体积约1.2×10^{4}m^3。据调查，2008年汛期145m水位运行期间坡体中后部出现微裂缝，9月底库水位上升后发现有变形加剧迹象，试验性蓄水初期在后缘、侧缘及坡面上均有拉裂缝发育；后缘拉裂缝张开宽20～30cm，外侧下错15～30cm，侧缘拉裂区宽1.7m。

②九曲垴渡口段滑塌：位于右岸九曲垴码头一带，共发现有4处规模较小的滑塌变形体（如图3-30、图3-31、图3-32、图3-33），该库岸段主要由全强风化片麻岩、残坡积物及人工堆积物组成，片麻岩岩体中顺坡向片麻理发育。

图3-30 九曲垴渡口1#滑塌变形体
（2008年11月12日摄）

图3-31 九曲垴渡口2#滑塌变形体
（2008年11月12日摄）

图3-32 九曲垴渡口3#滑塌变形体
（2008年11月12日摄）

图3-33 九曲垴渡口4#滑塌变形体
（2008年11月12日摄）

1#滑塌变形体，宽约30m，顺坡向长5～10m，滑塌坎高3～6m，体积约200m^3，2008年雨季期间出现拉裂及小范围滑塌，9月底库水位上升后坡体变形加剧，10月下旬滑塌。

2#滑塌变形体，宽 10～16m，顺坡向长 5～15m，滑塌坎高 1～2m，体积约 $120m^3$，9 月底库水位上升后坡体变形加剧并滑塌。

3#滑塌变形体，横向宽约 20m，顺坡向纵向长 5～8m，体积约 $150m^3$，9 月底库水位上升后坡体变形加剧，后缘及坡面出现多条拉裂缝，在库水上升过程中滑塌。

4#滑塌变形体，宽约 25m，顺坡向长约 8m，滑塌坎高约 6m，体积约 $180m^3$，库水位上升后坡体变形加剧并滑塌。

此类滑塌体（变形体）体积相对较小，分布高程较低，其变形和失稳未影响三峡枢纽工程安全及运行，也未影响长江航运。

3. 支流库岸

试验性蓄水过程中及蓄水至 172m 水位后，支流库岸变形调整规模、形式与干流库岸基本一致。在支流（溪沟）入河口，岸坡常呈尖嘴状突入江中，库岸再造影响范围较支流一般地段稍大，水位线上方局部全强风化岩体崩塌较发育，但规模一般也不大，北岸端坊溪、柳林溪、林家溪，南岸杉木溪、曲溪等溪流入河口岸段均有此类变形发生。其中杉木溪左岸变形体规模相对较大，变形较明显。

杉木溪变形体位于杉木溪左岸，岸坡主要由全强风化片麻岩和残坡积物组成，片麻岩岩体中顺坡向片麻理发育。变形体后缘高程约 225m，前缘呈舌形已没于水下，宽 75～155m，顺坡向长 120～135m，后部坡体厚 3～5m，中前部厚10～15m，总体积约 $14.4\times10^4m^3$（如图 3-34）。

图 3-34　杉木溪滑塌变形体全貌

（2008 年 11 月 12 日摄）

2007年三峡水库156m水位蓄水期及运行期，即发现该坡中后部有数条小规模拉裂缝发育；2008年雨季后，坡面有拉裂加剧迹象；9月28日水位抬升后，坡体出现明显变形，拉裂缝贯通、张开，后缘坡面下座，11月4日后变形加剧；后缘发育多条呈弧形展布拉裂缝，裂缝张开宽达20～30cm，外侧坡体下座20～40cm，局部达50cm，并有一处民房（韩有树家，已搬迁）墙体开裂、倒塌；西侧缘韩有霞家墙体亦有拉裂迹象。

3.5.2 岸坡变形特征分析

三峡水库自175m试验性蓄水以来，牛口—坝址库岸河段岸坡变形特征见表3-6。

表3-6 175m试验性蓄水库首段岸坡变形特征一览表

序号	地质灾害名称	河流名称	岸别	高程（m）		规模		变形初始时间	水位涨落
				前缘	后缘	面积 ($10^4 m^2$)	体积 ($10^4 m^3$)		
1	屋场坪不稳定斜坡	长江	右	220	255	0.12	0.36	2008年7月1日	退
2	东门头库岸坍塌	长江	右	156m以下	220	0.5	2.5	2008年9月12日	涨
3	汤家坡南库岸	咤溪河	左	156m以下	220	0.36	5.8	2008年10月19日	涨
4	火链子沟斜坡变形	童庄河	右	156m以下	190	0.15	0.5	2008年10月28日	涨
5	淹锅沙坝滑坡	长江	右			60	1500	2008年10月29日	涨
6	庙岭包滑坡	泄滩河	右	135m以下	260	7.5	128.4	2008年10月30日	涨
7	老坟园斜坡	长江	左	135m以下	285	3.5	87.5	2008年10月31日	涨
8	新滩滑坡（碓窝子石）	长江	左	156m以下	180		约30m	2008年10月31日	涨

续表

序号	地质灾害名称	河流名称	岸别	高程（m）		规模		变形初始时间	水位涨落
				前缘	后缘	面积（10^4m^2）	体积（10^4m^3）		
9	三峡打蜡厂库岸坍塌	长江	右		186		约 40m	2008 年 11 月 3 日	涨
10	北泥儿湾滑坡	咤溪河	左	150	300	4	80	2008 年 11 月 5 日	涨
11	黄家坪变形	长江	右	170m 以下	270	5	150	2008 年 11 月 14 日	涨
12	白岩头滑坡	长江	右	160	270	5	150	2008 年 11 月 19 日	涨
13	向家坝滑坡	香溪	右	172m 以下	240	4.1	41	2008 年 11 月 19 日	涨
14	屋儿堡斜坡	香溪	左	172m 以下	200	0.4	2.4	2008 年 11 月 25 日	涨
15	向家包滑坡	长江	右	173m 以下	240	0.9	7.2	2008 年 11 月 26 日	涨
16	岔路口滑坡	咤溪河	左	100	280	22.5	337	2008 年 12 月 1 日	涨
17	王家咀斜坡	长江	右	135	250	9	45	2008 年 12 月 5 日	涨
18	周家榨坊	青干河	左	170m 以下	250	1.5	7.5	2008 年 12 月 5 日	涨
19	西范沟东库岸塌岸	长江	右	170m 以下	210		长约 500m	2008 年 12 月 11 日	涨
20	松树包库岸	童庄河	右				长约 55m	2009 年 2 月 27 日	退
21	沙镇溪镇杜家屋变形体	青干河	右	库水位线以下	260	4	60	2009 年 4 月 1 日	退
22	马槽岭滑坡局部变形	长江	左	80～110	220	13	195	2009 年 5 月 1 日	退
23	盐关桥库岸	长江	左	库水位线以下	200		长约 30m	2009 年 5 月 1 日	退
24	汽渡码头斜坡	长江	右	65	220	30	600	2009 年 5 月 1 日	退
25	张家湾滑坡	童庄河	右	74	286	20.41	400	2009 年 5 月 1 日	退

续表

序号	地质灾害名称	河流名称	岸别	高程（m）		规模		变形初始时间	水位涨落
						面积	体积		
				前缘	后缘	（10^4m^2）	（10^4m^3）		
26	华新水泥2号码头北西侧边坡	童庄河	右			1.5	15	2009年5月31日	退
27	五谷庙斜坡	青干河		226	300	4	40	2009年7月29日	退
28	杨家坝不稳定斜坡	青干河	左	145	190	7.2	50	2009年9月1日	涨
29	黄阳畔（黄金沟）	香溪		135m以下	185	15	160	2009年12月2日	涨
30	郭家坝不稳定斜坡（金狮路滑坡）	长江	左	266	349	6.93	20.79	2010年5月1日	退
31	木鱼包滑坡	长江	右	135	258	61.61	132.32	2010年7月1日	退
32	黄金坝滑坡	青干河	左	174	410	28	1120	2010年7月1日	退
33	杨家沱滑坡	长江	右	135	350	23	560	2010年7月2日	退
34	树坪滑坡西侧斜坡	长江	右	335	390	0.7	3	2010年7月3日	退
35	台子湾北滑坡	长江	右	150	400	22	300	2010年7月15日	退
36	大块田滑坡	长江	右	225	286	1	6.5	2010年7月16日	退
37	楚王井不稳定斜坡	长江	左	210	245	0.3	1.2	2010年7月16日	退
38	黑松林不稳定斜坡	卜庄河	右	190	310	0.2	1.2	2010年7月16日	退
39	董家院子滑坡			100	300	20	250	2010年7月16日	退
40	沙湾子不稳定斜坡	长江	右	70.0	300	3.8	38	2010年7月23日	退
41	杉木溪不稳定斜坡	长江	右	220	260	0.44	2.2	2010年7月23日	退
42	邓永合门前塌岸	童庄河	左	175m以下	200		长约80m	2010年9月28日	涨

续表

序号	地质灾害名称	河流名称	岸别	高程（m）		规模		变形初始时间	水位涨落
						面积	体积		
				前缘	后缘	（10^4m^2）	（10^4m^3）		
43	邓润昌屋旁塌岸	童庄河	左	175m以下	210		长约80m	2010年9月28日	涨
44	何家大沟库岸	长江	右	150m以下	210		长约200m	2010年10月1日	涨
45	何仙道田（杏子树湾）	童庄河	左				长约80m	2010年10月1日	涨
46	老坟园码头塌岸	长江	左				长约20m	2010年10月6日	涨
47	渗水槽滑坡	长江	右			30	893	2010年12月8日	涨
48	龙口不稳定斜坡	吒溪河	左			0.2	1	2011年6月1日	退
49	渡水头不稳定斜坡	吒溪河	左			0.2	0.5	2011年6月1日	退
50	向家岭南滑坡	吒溪河	左			0.1	0.3	2011年6月1日	退
51	小榨房崩滑体					1.6	16	2011年6月9日	退
52	鲢鱼山不稳定斜坡	长江		200	230	0.12	0.48	2011年8月12日	涨
53	望路坪不稳定斜坡	吒溪河	右	145	250	3.6	36	2011年9月23日	涨
54	黄家坪滑坡	苏溪沟	右	145	265	4.8	12.36	2011年9月26日	涨
55	大岭电站滑坡	锣鼓洞河	左	169	425	20.7	83	2011年11月8日	涨
56	杨家湾滑坡	锣鼓洞河	左	185	295	3.6	36	2012年6月9日	退
57	九畹溪塌岸					0.01	0.01	2012年7月7日	退
58	桐树湾库岸	童庄河	左				长约90m	2013年2月26日	退
59	郭家坝镇楚王井3组滑坡	长江	右			6.3	63	2013年3月20日	退
60	王家湾滑坡	苏溪沟	右			55	2750	2013年8月31日	涨
61	水田坝乡初级中学滑坡					0.02	0.5	2013年9月16日	涨

续表

序号	地质灾害名称	河流名称	岸别	高程（m）		规模		变形初始时间	水位涨落
						面积	体积		
				前缘	后缘	（10^4m^2）	（10^4m^3）		
62	小溪沟滑坡	青干河	右			10.8	270	2013年11月1日	涨
63	戴家坪滑坡	长江	左			2	60	2014年1月9日	涨
64	汤家坡南库岸	咤溪河	左				长约100m	2014年3月18日	退
65	小榨房崩滑体					1.6	16	2014年7月25日	退
66	福利院右侧滑坡					0.1	0.1	2014年8月29日	退
67	杨家湾滑坡	锣鼓洞河	左			0.75	15	2014年9月1日	涨
68	杉树槽滑坡	锣鼓洞河	左			4	80	2014年9月2日	涨
69	大岭电站（香山路）滑坡	锣鼓洞河	左			0.25	5	2014年9月2日	涨
70	云盘居民点库岸	咤溪河	左				长约150m	2014年9月2日	涨
71	宋家屋场滑坡	咤溪河	左			0.8	5	2014年9月2日	涨
72	卡子湾滑坡	咤溪河	左			0.5	10	2014年9月2日	涨
73	榨房咀滑坡	长江	左			0.05	1	2014年9月2日	涨
74	核桃树湾滑坡	长江	右			0.67	20	2014年9月2日	涨
75	白果树滑坡	青干河	左			0.03	1	2014年9月2日	涨
76	谭家河滑坡	长江	右			0.05	2	2014年9月2日	涨
77	王家咀滑坡	长江	右			0.04	1	2014年9月2日	涨
78	望路坪库岸	咤溪河	右				长约300m	2014年9月2日	涨
79	谭家湾滑坡	咤溪河	右			15.75	315	2014年9月2日	涨

水库自175m试验性蓄水以来，研究区累计共发生岸坡变形事件79例，其中干流33例，支流46例；按变形的体积划分，小型40例，中型21例，大型15例，特大型3例。可见，175m蓄水对岸坡的变形影响主要以中小型为主。

水库175m蓄水引发变形斜坡的频数、体积月度分布分别见图3-35、图3-36。从图中可见，岸坡变形事件主要发生在5—10月，其发生的频次占总数的73%。大体积岸坡变形事件主要发生在5、7、8、10月，其发生的体积占总数的73%。可见，本阶段5、7、8、10月为灾害集中爆发期。

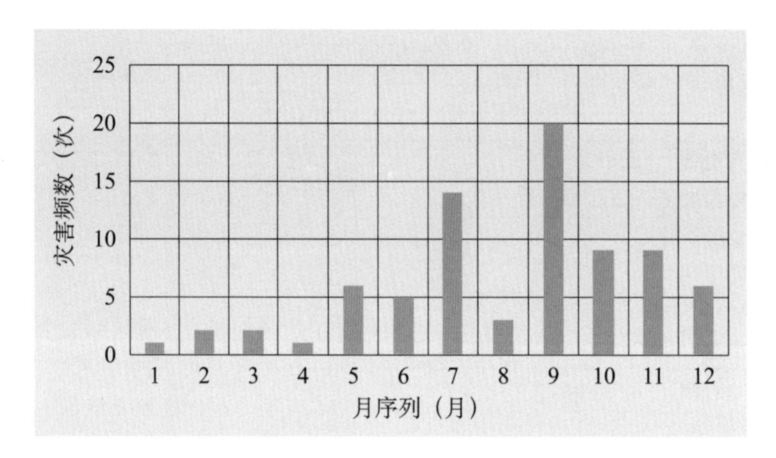

图3-35　水库175m试验性蓄水引发变形斜坡的频数月度分布图

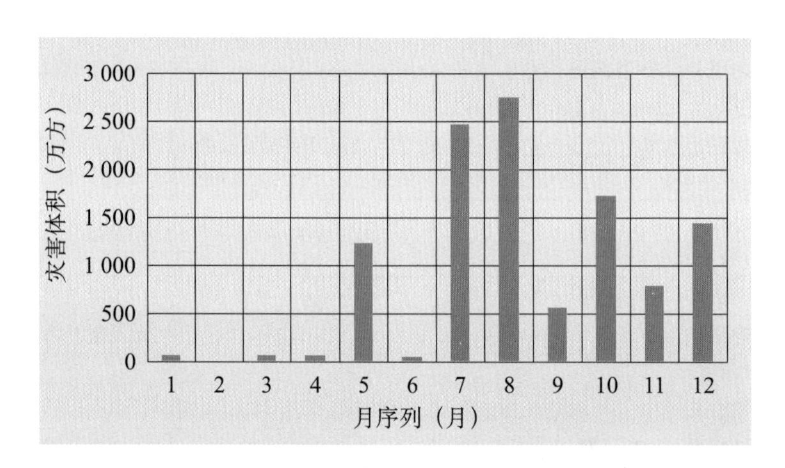

图3-36　水库175m试验性蓄水引发变形斜坡的体积月度分布图

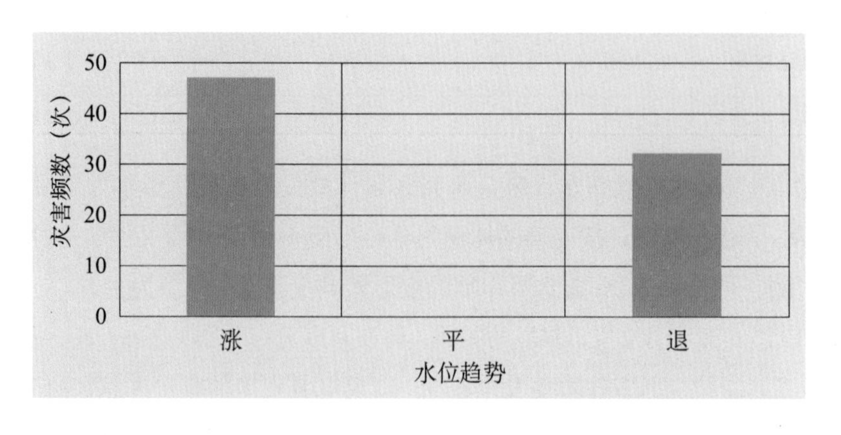

图3-37　水库175m蓄水引发变形斜坡与水位涨落关系分析

图 3－37 为水库 175m 蓄水引发变形斜坡与水位涨落关系分析，从图中可知，与本阶段蓄水相关联的岸坡变形多发生在涨水期，占总数的 59%，退水期占 41%。据此，就水库蓄水对库岸斜坡宏观影响而言，蓄水对岸坡地质体的浮托效应的影响是最大的。

3.6 岸坡变形时空分布特征

3.6.1 岸坡变形的阶段性规律分析

三峡水库自 2003 年 6 月蓄水以来，至 2014 年 12 月，坝址—牛口库段累计发生 135 例库岸变形（失稳）事件，各阶段蓄水引发变形的库岸类型与几何特征见表 3－7。

表 3－7 蓄水引发变形的库岸类型与几何特征

蓄水高程（m）	灾害类型		合计	滑坡		塌岸
	滑坡（例）	塌岸（例）		面积（10^4m^2）	体积（10^4m^3）	顺江长（m）
135	35	0	35	910.69	27636.9	0
156	35	3	38	489.55	11119	430
175	65	14	79	550.96	49948	1755
总数	135	17	152	1951.2	88703.9	2185

第一阶段（135m 蓄水），三峡水库水位从 69.33m 蓄水至 139m，蓄水深度 69.67m，水位在 139m 至 135m 间波动，波动深度 4m。其间共计发生 35 例库岸变形（失稳）事件，其中滑坡 35 例，塌岸为 0 例。

第二阶段（156m 蓄水），三峡水库水位从 139m 蓄水至 156m，蓄水深度 17m，水位在 156m 至 144m 间波动，波动深度 12m。其间共计发生 38 例库岸变形（失稳）事件，其中滑坡 35 例，塌岸为 3 例。

第三阶段（175m 试验性蓄水），三峡水库水位从 156m 蓄水至 175m，蓄水深度 19m，水位在 145m 至 175m 间波动，波动深度 30m。其间共计发生 79 例库岸变形（失稳）事件，其中滑坡 65 例，塌岸为 14 例。

从上述分析可知，库岸变形事件的发生与水库蓄水深度及波动深度相关。因此，这里有必要引入一个概念——水位波动率（V_h），其定义为波动水位深度（Δh）与蓄水深度（H）的比值。即：

$$V_h = \frac{\Delta h}{H} \tag{3-1}$$

其中：V_h为水位波动率，Δh 为波动水位深度，H 为蓄水深度。

基于蓄水过程对灾害发生频数的影响，为精确分析水位波动率与灾害频数的关系，这里引入相对水位波动率与绝对水位波动率的概念，其分别定义为波动水位深度（Δh）与阶段蓄水深度（H）的比值及波动水位深度（Δh）与总蓄水深度（H）的比值。

据此计算各阶段相对水位波动率，第一阶段相对水位波动率＝（139－135）/（139－69.33）＝5.74%，第二阶段相对水位波动率＝（156－145）/（156－139）＝64.7%，第三阶段相对水位波动率＝（175－145）/（175－156）＝157.9%。

水库相对水位波动率与岸坡变形灾害频数相关性分析见图 3－38。

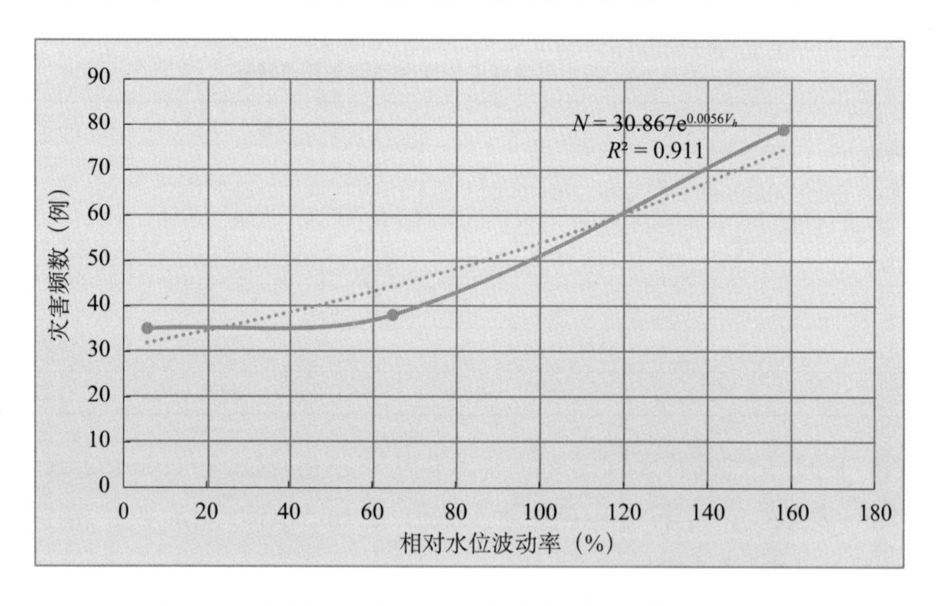

图 3－38　水库相对水位波动率与岸坡变形灾害频数相关性分析

从图 3－38 可知，水库岸坡变形灾害频数（N）与相对水位波动率（V_h）呈指数关系，其函数关系式为 $N=30.867e^{0.0056V_h}$，其相关系数为 0.9112，可见相关性是比较好的。

水库蓄水各阶段绝对水位波动率计算如下：

第一阶段绝对水位波动率＝（139－135）/（139－69.33）＝5.74%，第二阶段绝对水位波动率＝（156－145）/（156－69.33）＝12.69%，第三阶段绝对水位波动率＝（175－145）/（175－69.33）＝28.39%。

水库绝对水位波动率与岸坡变形灾害频数相关性分析见图 3－39。

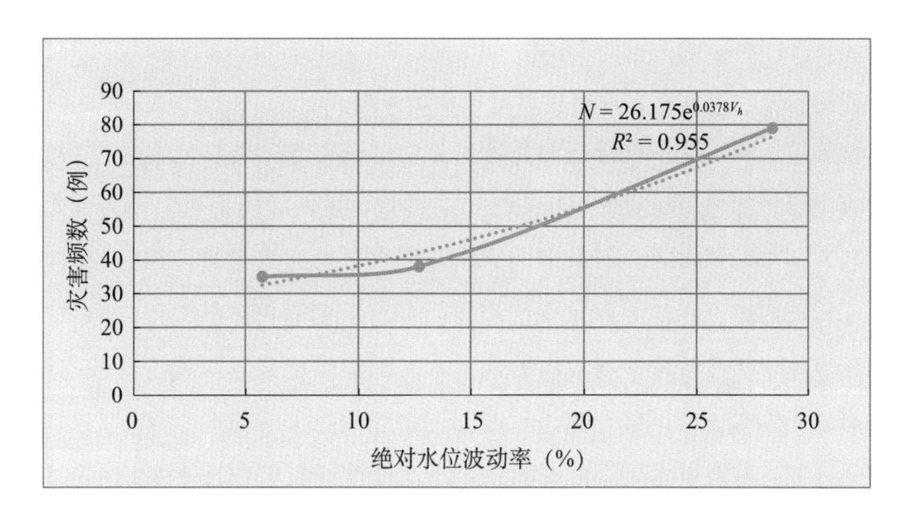

图 3－39　水库绝对水位波动率与岸坡变形灾害频数相关性分析

从图 3－39 可知，水库岸坡变形灾害频数（N）与绝对水位波动率（V_h）呈指数关系，其函数关系式为 $N=26.175e^{0.0378V_h}$，其相关系数为 0.9556，可见相关性是相当好的。

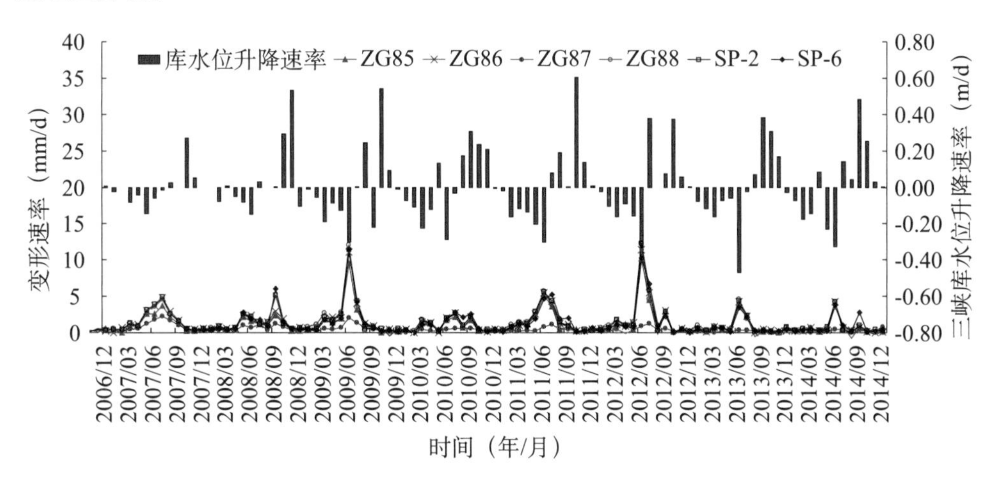

图 3－40　滑坡变形速率与库水位波动速率关系

从图 3－38 与图 3－39 对比分析，水库岸坡变形灾害频数（N）与绝对水位波动率（V_h）的相关性要明显高于水库岸坡变形灾害频数（N）与相对水位波动率（V_h）的相关性，亦说明上一阶段蓄水对库岸稳定的不利影响是个漫长的过程，因下阶段蓄水的时间立即到来，斜坡在上阶段蓄水作用下的变形没全面得以释放，还会延续在下一阶段蓄水库岸变形中表现出来。为弱化或消除其叠加的影响，可适当延长各阶段的蓄水时间。

上述研究探讨了蓄水对水库库岸斜坡变形的宏观影响，值得注意的是，就具体单个斜坡而言，水位波动速度对水库库岸斜坡的变形有着很重要的影响。图3-40为研究区典型斜坡变形速率与库水位升降速率关系图。

以该斜坡工程地质条件分析为基础，分析该图可知，斜坡岩土体材料的渗透特性对其变形破坏的影响重大。从图3－40可知，该斜坡体物质主要为含砾黏土，渗透性较差。水库蓄水时，斜坡内地下水与库水平衡过程缓慢，相当长时间内库水位高于斜坡内地下水位，库水反压坡体，有利于该滑坡体的稳定。而水库退水时，由于坡体渗透性较差，斜坡内的地下水向水库排水过程缓慢，斜坡内地下水位下降滞后于库水位的下降，相当长时间内斜坡内地下水位高于库水位，渗透力指向坡体外侧，对滑坡稳定不利；而且由于水库库岸斜坡中地下水位下降相对于库水滞后，大部分斜坡岩土体仍处于饱水状态，其重度也较大，因此，斜坡稳定性急剧下降，且表现出滞后效应；特别是在水位下降速度较大时，滑坡变形速率就越剧烈。所以如图3－40所示，斜坡变形速率出现在退水速率最大值，且时变曲线一般呈台阶状，表现出弱透水滑坡的变形特征。

3.6.2 岸坡变形的时间分布特征

三峡水库各阶段的蓄水位高程、蓄水历时、灾害发生频数与灾害发生累计频数关系曲线见图3－41。

分析图3－41，可得出以下结论：

（1）地质灾害的发生与水库蓄水位高程、蓄水位波动及速率呈正相关性。一般来说，蓄水位高、水位波动及速率大，地质灾害发生次数相对较多[154]。

（2）统计表明，各阶段蓄水周期发斜坡变形频次分别占总数的28.93%、27.27%和43.8%；各蓄水阶段第一次蓄水周期发斜坡变形频次分别占总数的24%、19%和17.4%。由上可知，就水库蓄水全过程而言，其在首次蓄水过程（水位上升期）中灾害发生频数不一定最多。原因其一，蓄水位高度较低，影响范围有限；其二，本阶段蓄水影响以诱发斜坡变形为主，主要体现在古滑坡的复活；其三，本阶段蓄水造成斜坡变形未全面释放，下阶段蓄水期就到来，掩盖了上阶段的蓄水对斜坡变形的影响。

就具体阶段蓄水过程而言，随着后续阶段蓄水位的升高（135m～156m～175m），每一蓄水位高程的首次蓄水期对斜坡变形影响最大，其随水位增加呈减小趋势，规模-时间曲线峰值也呈衰减趋势，且大部分发生在涨水期。分析其原因，库水对斜坡的理化作用效应较水压力明显，主要体现在劣化方面。

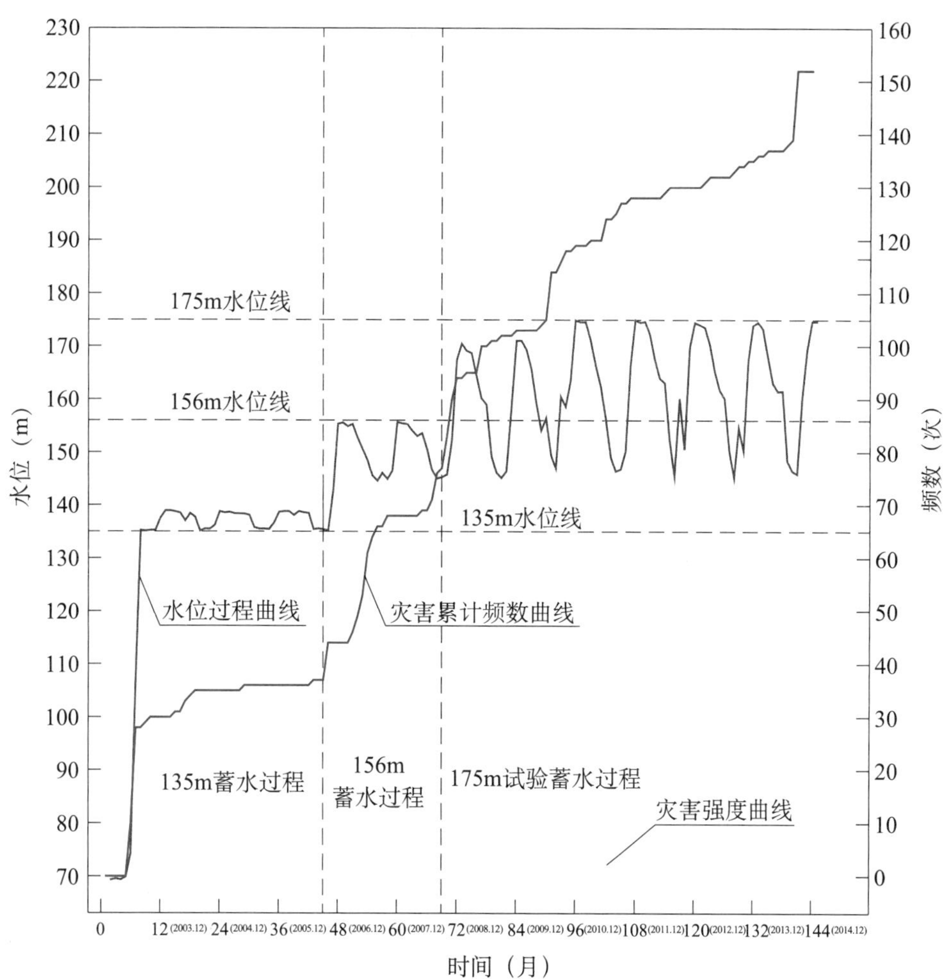

图 3-41 水库蓄水历时与灾害发生频数及累计灾害发生频数关系曲线

(3) 最高水位不是灾害发生最频繁的时间。对于某一蓄水过程而言，最大灾害次数发生时间比最大蓄水深度时间早 1 个月左右。对于某一退水过程而言，最大灾害次数发生时间一般在水库水位最低水位时刻[1]。

(4) 相对水库寿命而言，只要水库水位存在波动（如周期性涨落），斜坡变形导致的地质灾害就不会停止，水库库岸斜坡变形破坏的相对稳定是个长期过程，亦是动态稳定过程。

3.6.3 岸坡变形的空间分布特征

据水库蓄水后发生的斜坡变形的空间分布情况分析，三峡水库库岸斜坡变形的空间分布特征如下：

（1）岸坡的形态特征与塌岸关系密切，地形越陡，河流切割强烈，越容易产生塌岸。相同条件下，陡坡型土质岸坡和上陡下缓型土质岸坡比缓坡型土质岸坡更易产生塌岸。岸坡上植被越发育，库岸稳定性就越好。岸坡物质越松散，库岸再造将越强烈。岩体裂隙越发育，完整性越差，对库岸稳定性影响就越大。除具有特殊结构面的岩质库岸外，一般条件下，土质库岸比岩质库岸更易产生塌岸和库岸再造。而一般情况下，岩质岸坡比土质岸坡更能经受风浪的冲刷[1]。

（2）水库库岸变形再造的演变，与库岸地质条件密切相关，三峡库区塌岸主要分布于土质岸坡、侏罗系红色岩层为主的红层岸坡和岩土混合岸坡。据 175m 试验性蓄水情况，沙土质的库岸段塌岸现象比较强烈。如秭归县郭家坝东门头河岸岸坡坍塌演变强烈[154]。

（3）蓄水水深增加多的库段，塌岸、崩滑体变形较多；而蓄水水深增加相对少的库段，塌岸、崩滑体变形相应较少。总体上水库下游段发生塌岸、崩滑体变形的情况相对较多，而干支流库尾段的相对较少。水库中下游库段以崩滑体变形为主，干支流库尾段则塌岸活动多[1]。

（4）统计表明，各阶段蓄水周期发斜坡变形体积规模分别占总数的 59.13%、23.79%和 17.09%，各蓄水阶段第一次蓄水周期发斜坡变形体积规模分别占总数的 28.58%、19.5%和 8.25%。这说明水库首次蓄水阶段对斜坡的变形影响最大，首次蓄水阶段的第一个蓄水周期对斜坡的变形影响也最大，其表现在首次蓄水，库岸岩土体经历历史未曾有过的库水浸泡、浮托减重等，主要原因是首次蓄水淹没（面积）深度比后期大，地下渗流场变动大；其次，前缘剪出口在 68 至 80m 高程的滑坡体，135m 水位处于稳定性最不利区间；第三，135m 高程以下为人类活动最频繁地域，而该地域多为古滑坡体；第四，135m 高程以下为常年洪水区，由于常年洪水的反复作用，存在较大、较多的不稳定岸坡。

3.6.4 蓄水与岸坡变形的关联效应

1. 库岸斜坡变形与蓄水位高程

通常认为，在受水库蓄水影响的地质灾害防治工程中，水库从正常蓄水位骤降至死水位，如三峡水库从 175m 骤降至 145m，其对地质灾害体稳定最为不利，水库岸坡易发生库岸变形失稳事件。研究区内的水库蓄水高度与变形库岸频数和体积规模关系调查分别见图 3－42 及图 3－43。

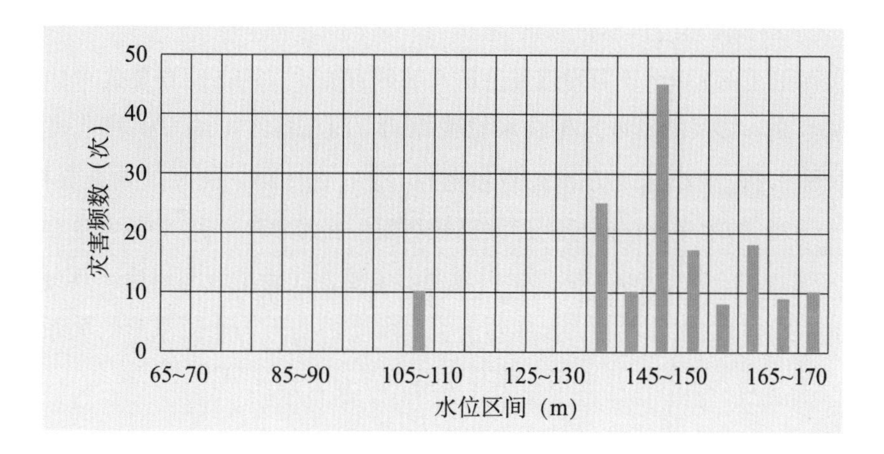

图 3－42　水库蓄水高度与变形库岸频数关系曲线

从图 3－42 可知，发生最频繁灾害事件的水位区间为 145～150m，发生灾害事件体量大的水位区间为 150～155m，其意味着水位高程 145～155m 为库岸斜坡稳定最不利水位。

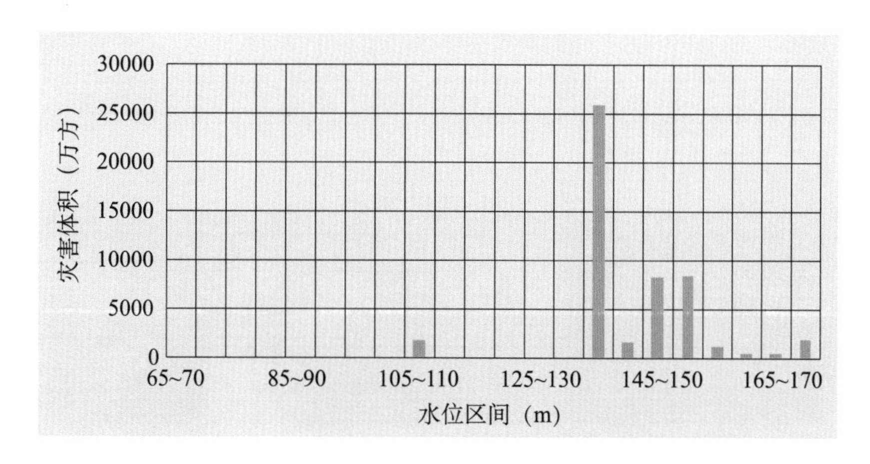

图 3－43　水库蓄水高度与变形库岸体积关系曲线

水库蓄水对地质灾害体首先显著的影响为减轻地质体阻滑段的阻滑力，地质体变形几率加大；随水库蓄水高程的增加，对地质灾害体的浸没深度加大，地质体受浸没体积增大，阻滑力减收值达恒定，但下滑力的减小效应超过阻滑力的减小效应，地质体稳定性增加，变形几率减小。湖北秭归龙王庙滑坡受库水影响即为此类。

2. 库岸斜坡变形与库水位涨落

据美国关于Roosevelt湖附近发生的滑坡调查显示，约占调查总数49%的滑坡发生在涨水期，30%的滑坡发生在水位骤降期；而在日本，约40%的水库滑坡发生在水位涨水期，60%发生在水位骤降期[153-154]；在中国，据相关调查资料显示，约40%～49%的水库库岸斜坡变形失稳破坏发生在涨水期，约30%发生在水位消落期[155]。据表3-7，三峡水库库岸斜坡变形主要方式为滑坡与塌岸，其分别占总频数的88.8%与11.2%左右。水库蓄水引发库岸的变形与水位涨落的关系统计见表3-8，水库蓄水引发库岸变形与水位涨落关系百分占比见图3-44。

表3-8　水库蓄水引发变形库岸与水位涨落关系统计

蓄水阶段	水位		
	涨（处）	平（处）	退（处）
135m	29	4	2
156m	9	0	29
175m	47	0	32
合计	85	4	63

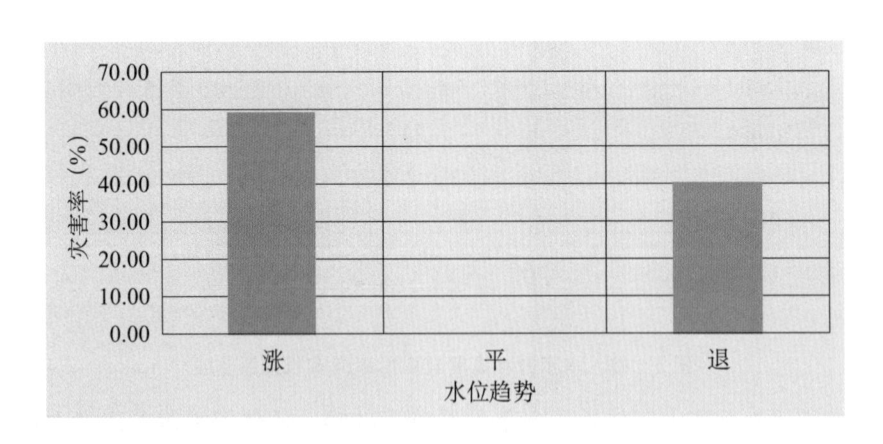

图3-44　水库蓄水引发库岸变形与水位涨落关系百分占比图

表3-8表明，各蓄水阶段库岸斜坡变形如下：

（1）135m蓄水（第一阶段），共计发生库岸斜坡变形事件35例，其中涨水期为29例，占82.9%；平水期为4例，占11.4%；退水期为2例，占5.7%。

（2）156m蓄水（第二阶段），共计发生库岸斜坡变形事件38例，其中涨水期为9例，占23.7%；平水期为0例；退水期为29例，占76.3%。

(3) 175m试验性蓄水（第三阶段），共计发生库岸斜坡变形事件79例，其中涨水期为47例，占59.5%；平水期为4例，占5%；退水期为32例，占40.5%。

水库蓄水全过程，共计发生库岸斜坡变形事件152例，其中涨水期为85例，占55.9%；平水期为4例，占2.6%；退水期为63例，占41.5%。

上述分析表明，水库蓄水对库岸斜坡的影响过程在蓄水初期首先是岩土体产生湿化变形，岩土体的结构与强度遭到破坏；同时，由于水的浸泡产生如水解、溶解和碳酸化作用等一系列的化学作用，具体表现为岩土体材料的黏聚力及抗剪强度降低；第三，库水位周期性的涨落及库岸地下水水位动态影响的滞后，引起斜坡内地下水渗流场与压力的变化亦是一个重要原因。岩土体经过一定时间的浸泡后，其湿化变化渐趋于完成，库岸斜坡为适应新的环境进行应力的调整与释放，岩土体力学性能一般近趋于饱和态或稍高，库岸斜坡稳定性主要受控于退水期的水位波动造成的动水压力。

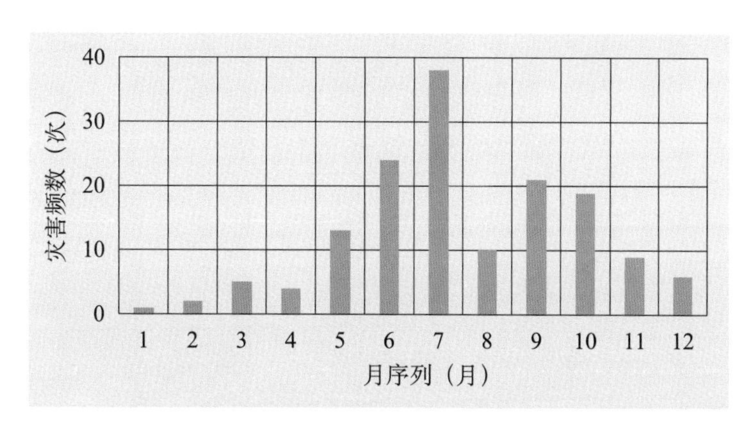

图3-45　水库蓄水引发变形斜坡的频数月度分布图

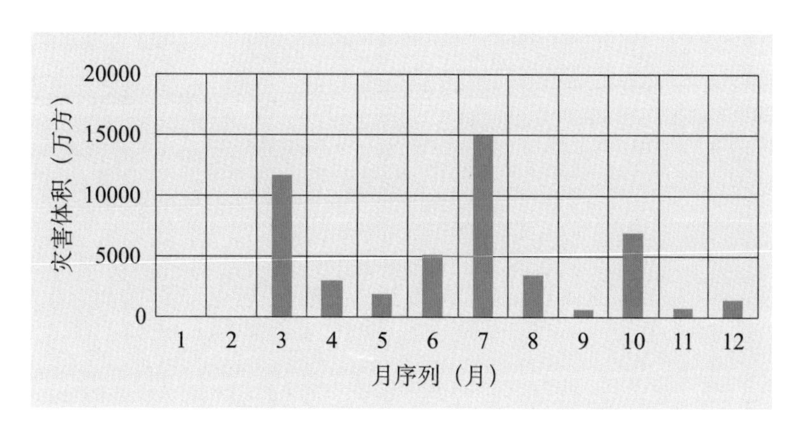

图3-46　水库蓄水引发变形斜坡的体积的月度分布图

3. 库岸斜坡变形的月度分析特征

三峡水库属河道型水库，建成后每年水位从145m—156m—175m间循环，最高涨落差30m，175m水位历时2～4个月。根据三峡水库调度方案，一般6—8月间最低水位为145m；9月10日—10月30日，水位自150m回升至175m，历时约50天；11—12月为满库运行期，历时60天，水位175m；然后，从12月30日开始水位下降，至次年6月水位145m，历时161天。

水库蓄水引发变形斜坡的频数月度分布图（图3-45）表明，1—5月约占17.11%，6—9月约占总频数的60%，10月约占12.%，11—12月约占9.87%。可见水库库岸斜坡变形集中在6—9月，且相对水库蓄水时间，灾害发生的时间均滞后约10～15天左右，原因之一是此时间段内库水波动幅度与频率较大，其二是耦合降雨的原因。

4 岸坡变形影响因素与过程

水库库岸斜坡变形既是斜坡长期演化形成一个复杂而开放的系统，亦是多种因素相互、耦合作用的过程与结果，其影响因素主要包括斜坡的地质条件、地形地貌、水文气候、植物覆盖、人类活动（包括水库蓄水）等。影响岸坡变形的众多因素中，既有内在因素也有外在因素，不同因素的影响程度与深度也是不同的。内在因素包括地质构造、地形地貌、岩体结构和岩石性质等，这些因素引起的库岸变形十分缓慢，它们决定了库岸边坡变形的形式与规模，对库岸的稳定性起着控制性作用，是岸坡变形的先决条件；外在因素包括水文地质条件、风化作用、库水的作用、地震及人类活动因素等，这些因素的变化一般相对较快，但它只有通过内在因素才能对岸坡的稳定性起破坏作用，或者促进岸坡变形的发生和发展。

库岸变形实质上是内在因素和外在因素综合作用的结果，因此，在分析库岸的稳定性时，只有在分析研究各种单一因素的基础上找出各种因素彼此之间的内在联系和相互作用关系，才能对岸坡稳定性做出比较正确的评价。

4.1 内在因素的影响

4.1.1 地形地貌

地貌决定了库岸斜坡形态，对库岸斜坡稳定有直接影响。斜坡的形态包括坡高、坡角、坡面形态、平面形态以及边坡的临空条件等。近坝库段山势以第一分水岭高程来看，多小于800m，一般在300～500m，岸坡高度与变形体的关系不是主要因素，岸坡坡角、岸坡形态是地形地貌的主要因素。

岸坡形态对变形体的影响表现在变形体的分布密度和规模上，根据以往对干、支流变形体的统计资料，凹形岸坡分布的变形体相对密集，但规模一般不大；凸形岸坡发育变形体数量相对较少，但体积一般较大。在工程地质条件相同或类似的条件下，凹形岸坡相比凸形岸坡稳定性要好。平面上呈凸向江中“尖嘴状形态”的岸坡，形成了三面环水的独特地貌，往往很容易遭受水流冲蚀，库水影响强度大、程度深，岸坡的稳定性较差，砚包滑坡为典型例证。凸岸更易形成临空条件，近坝库段所见危岩体多发育于此类岸段。庙河以下结晶岩库岸塌岸一般也先见于凸形岸段；支流河口凸出岸段几乎均发生了不同程度的小规模崩塌。

斜坡坡度是斜坡形态的一个重要特征参数，亦是影响斜坡稳定性的重要参数。据国内相关研究[156]表明，斜坡总体坡度小于25°，崩塌率近似为0；斜坡总体坡度为25°～45°，崩塌率约为7.6%；斜坡总体坡度为45°～60°，崩塌率为23.8%；斜坡总体坡度大于60°，崩塌率约为68.8%。可见，斜坡总体坡度越大，其前缘越容易形成临空面，剪出口越易于出露，有利于变形体的形成与发展。在坡角较大的陡崖岸带，如果基岩具有上硬下软的岩层组合，下部软层在风化、受挤压等情况下发生变形破坏后容易导致上部硬岩产生崩塌甚至导致边坡整体座滑。

4.1.2 岩石性质及组合特征

岩石性质是影响库岸斜坡稳定的基本因素之一，尤其是其组合特征对斜坡的变形破坏有着直接影响，特定的地层岩组构的斜坡均有其特定而常见的破坏形式，如有些地层岩组中滑坡特别发育，这与该地层岩石的矿物成分、亲水特性及抗风化能力等有关，如二叠系煤系岩组是易滑地层岩组，链子崖危岩体即主要发育于该套地层中；再如本次研究范围之外的侏罗系及三叠系中、上统岩层，主要为黏土岩或砂岩与黏土岩互层，并含有软弱泥化带，其黏土岩以及接触面遇水易软化，从而强度大大降低，为变形体的形成与发展创造了条件。巴东县城至沙镇溪库段，滑坡体分布较多，即为三叠系地层分布岸段。而碳酸盐岩地区，大规模的变形体不发育，以崩塌堆积为主，数量少，规模较小。

岩组特征往往控制了边坡形态。坚硬完整的块状或厚层状岩组易形成陡立斜坡，而在软弱地层的岩石中形成的边坡，其坡度一般较缓。例如在新滩一带，志留系下统龙马溪组和罗惹坪组页岩夹粉砂岩属软弱岩层，该地层分布地段地形坡度平缓，山包多呈浑圆状，而其上志留系中统砂帽组至二叠系地层岩性多属坚硬岩类，地貌上多呈多级陡崖和雄浑山体。

近坝库岸基岩总体上属于坚硬岩类，对岸坡稳定较为有利，但岩体中若存在软弱夹层，则对岸坡稳定性评价需重点考虑。岩体中的软弱夹层抗剪强度和软化系数低，常常成为影响岸坡演化和岸坡稳态的重要控制面。近坝库段的岩浆岩类（Ⅰ）和变质岩类（Ⅲ）中不存在软弱夹层。庙河以上岸段沉积岩地区岩层中软弱层主要有两类：

（1）含煤岩系中的软弱夹层。近坝库段含煤岩系为分布于兵书宝剑峡出口两岸的二叠系下统栖霞组马鞍段岩层，该层厚 2～3.3m，煤层厚 0.3～0.7m，薄者仅 0.1m，该层中的软弱层除煤层外还有泥岩及页片状碳质泥岩。此类软弱夹层性软，遇水极易软化，是影响分布区岸坡稳定的主控因素之一。

（2）厚层、巨厚层碳酸盐岩中的软弱夹层。该段库岸地层岩组为碳酸盐岩夹碎屑岩，在碳酸盐岩（灰岩、白云岩）中，普遍夹有多层薄层的碳质页岩、页岩、泥岩，构成了对岸坡稳定不利的软弱夹层，如新滩链子崖岸段二叠系厚层石灰岩中夹有厚度 0.15～0.60m 的含碳质条带钙质泥岩，沿该夹层有层间错动现象，部分夹层构成了链子崖危岩体的底界面。

4.1.3 岩体结构和地质构造

总体而言，构成斜坡的岩体结构类型与结构面性状是控制斜坡、尤其是岩质斜坡稳定的因素之一。三峡工程库区岩体结构分类沿用《水利水电工程地质勘察规范》(GB 50287—99)[157]岩体结构分类标准，可划分为四大类：块状结构（含整体状、块状及次块状结构）、层状结构（含巨厚、厚、中厚、互层及薄层状结构）、碎裂结构（含镶嵌碎裂和碎裂结构）和散体结构（含碎裂、碎屑状结构）。近坝库段结晶岩主要属块状结构和碎裂结构，岸坡不会发生大规模变形破坏。沉积岩岸坡属于层状结构，其中互层状和薄层状结构对岸坡稳定较为不利。

根据岩层的产状特征和岸坡坡向的关系，沉积岩岸坡可以分为横向坡、顺向坡、逆向坡、斜向坡四类。一般来说，顺向坡结构岸坡的稳定性较其他几种结构的要差。在顺向坡岸段，松散堆积物容易沿基岩顶部层面发生滑动形成堆积体滑坡；当下伏基岩具有软弱层面时，遇水软化易于形成基岩顺层滑坡。在逆向岸坡中，如果下伏基岩为碎屑岩或碳酸盐组成的具有软硬相间的岩层组合时，可能形成基岩切层滑坡。

斜坡若受多组结构面切割，则因多面的空间组合切割，组成可滑动块体的概率较大，斜坡整体变形破坏的自由度也大。值得指出的是：其一，因多组结构面切割，造成斜坡岩体较为破碎而为地下水活动提供便利通道，从而降低了结构面的物理力学性能，如降低了其抗剪强度，对斜坡的稳定是极为不利的；其二，结构面的数量与斜坡被切割岩块的大小关系极度相关，从而影响斜坡岩体的破碎程度；其三，一般而言，结构面多具风化加剧现象，其不仅严重影响了斜坡的稳定，而且可控制斜坡的变形破坏形式。此外，斜坡岩体结构面的连通率、粗糙度及胶结、充填物的性质和厚度是影响其稳定的重要因素。

斜坡所处区域的地质构造亦是影响斜坡（岩质）稳定的重要因素，如断层与节理裂隙就是软弱结构面，野外调查发现，其常为滑动面或滑坡边界，直接控制斜坡变形破坏的形式和规模。大规模的水库库岸斜坡变形（如滑坡、大型崩塌）与断层活动也存在许多方面的内在联系。

4.1.4 岩石风化

岩石风化过程中伴随各种物理和化学作用，斜坡岩体中亦会出现各种不良地质现象，如次生矿物形成、岩体结构破坏、节理张开并裂隙扩展、风化裂隙的新生与形成、物理力学性能降低等，以上种种现象的后果就是直接促进斜坡变形的发生和发展，风化作用后的斜坡稳定急剧降低，岩石风化程度愈深，斜坡的稳定性愈差。

如三峡库区三叠系巴东组二、四段紫红色泥岩，其单轴抗压强度一般在6.7～24.8MPa左右，弹性模量一般为5～19GPa，泊松比为0.2～3.5；根据对其风化与新鲜岩石抗压强度测试，其新鲜基岩单轴抗压强度达25MPa以上，而风化岩的单轴抗压强度只有约15MPa，可见风化作用对岩石强度的改变是显著的。

研究区庙河以下库段岸坡，基岩主要为前震旦系火成岩和变质岩，岩体风化较强烈，全强风化层厚5～20m，其风化特征决定了该段岸坡在蓄水后的再造宽度和最终稳定坡角。

碳酸盐岩总体上抗风化能力较强，但在岩体中结构面较发育时，往往沿结构面有风化加剧现象。碎屑岩类（区内主要为页岩）抗风化能力较差，表层岩体一般风化较强烈，岩体极易破碎。风化作用使各种结构面的影响范围得到扩张，体现在：使裂缝宽度增大，岩体完整性进一步破坏，使各类结构面有逐步贯通趋势，地下水通道也趋连通，使水体影响程度加深。岩层中存在软弱夹层时，顺层风化强烈，形成层状或条带状的风化特征，风化后的软弱层性状更差，对库岸斜坡整体稳定极为不利。

4.1.5 水作用下的岩体物理力学特性

岩体的形成，经历了漫长的地质历史过程，其物理力学性质是决定库岸斜坡稳定的基本也是重要因素之一。水对岩石强度的影响主要取决于岩石孔隙大小和亲水性矿物的含量，亲水性矿物量多，在水的作用下，则强度降低越大，用软化系数可以衡量这种变化特征。一般来说，水对细粒结晶火成岩和变质岩影响小些，对沉积年代短、泥质胶结的沉积岩或泥岩影响较大，有的黏土岩在水的作用下强度降低达60%以上[158-159]。岩体内水流作用使岩体内可溶物质溶解，结构面细颗粒被带走，饱水岩体抗剪强度、变形模量和弹性模量均会出现一定程度的降低[160]。三峡水库蓄水以后，水对库区斜坡岩体的改造和作用必将导致岩体物理力学性能变化，下面为水对研究区代表性岩石的软化作用效应测试结果。

1. 浸水对岩体抗剪强度的影响

表4-1 浸水前后岩体抗剪强度变化试验成果表

岩石名称	试验条件	内聚力 tan（Φ）	黏结力 C（MPa）
砂岩	天然状态	0.93	0.24
	泡水	0.88	0.20
黏土岩	天然状态	0.88	0.030
	泡水7天	0.38	0.060
页岩破碎	天然状态	0.52	0.045
	饱水状态	0.38	0.040
黏土岩劈理带	天然状态	0.36	0.057
	渗水90天	0.32	—
	渗水180天	0.29	0.050

2. 浸水时间对岩体弹模的影响

表4-2 浸水时间对 E_0、E_S 的影响

岩石名称	试验条件	E_0（10^3 MPa）	E_S（10^3 MPa）
粉砂岩	天然状态	1.40	2.67
	泡水6天	1.35	1.60
	泡水12天	0.85	1.20
砂岩	天然状态	1.04	1.85
	泡水36天	0.65	0.76

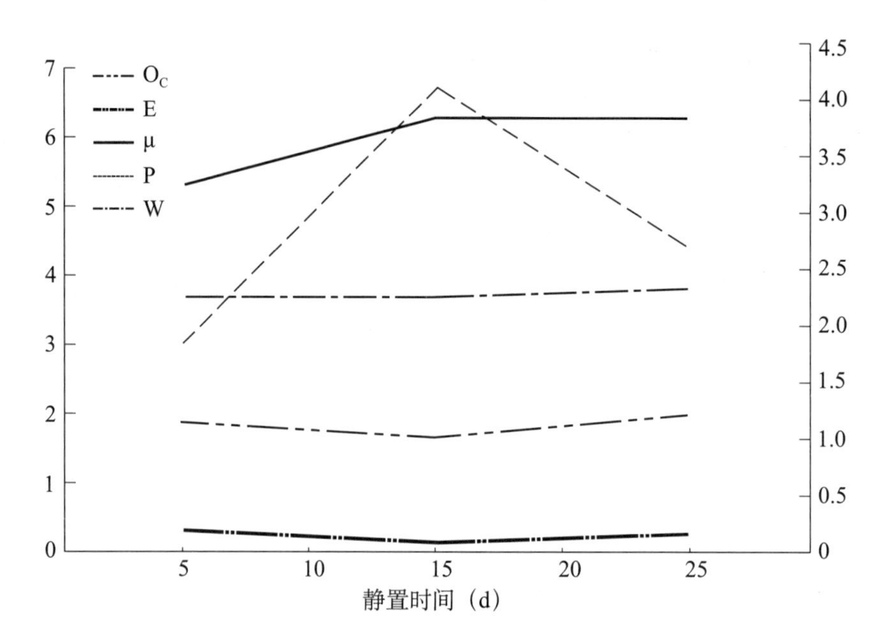

图 4-1　浸水时间与岩石物理力学性能变化

图 4-1 表明，水对岩石的强度性能的软化（劣化）效应与浸水时间呈非线性关系，其性能的劣化程度与测试样的初始含水量相关。

3. 浸水周期次数对岩石崩解特性影响

岩石在年复一年的季节变换和雨晴交替的野外条件下，是反复的干湿交替过程，这种作用对于岩石的崩解性影响较大。

表 4-3　干湿循环崩解试验结果

样号	胶结系数	不同干湿循环周期的岩块干燥饱和吸水率（%）						崩解特性
		1	2	3	4	5	6	
WH—Ⅰ	3.38	8.91	9.79	10.07	10.76	9.81	10.74	一次循环便呈碎块状破坏，随次数增加碎块尺寸逐渐变小
WH—Ⅱ	6.06	4.41	4.16	4.68	4.77	4.78	4.57	不破坏（水稳型）
WH—Ⅲ	3.57	8.82	9.48	9.97	10.58	13.66	15.81	一次循环便呈碎块状破坏，随次数增加变成粗碎屑状
F—Y	7.23	3.09	3.19	3.13	3.14	3.16	3.45	仅沿微裂纹开裂，变化不明显
B—L	4.17	5.18	5.41	5.49	5.63	6.15	6	不破坏（水稳型）

上述试验表明，岩石的干燥饱和吸水率与干湿循环次数呈正相关关系，其增加速率随时间变大；岩石初始胶结程度与崩解过程呈负相关关系，但与崩解前后

岩石性能的差别呈正相关关系。

表 4 - 4 为水对岩石影响的软化系数与强度降低之间的关系。

表 4 - 4 水对岩石影响评价表

水对岩石的影响程度	软化系数	强度降低（%）
不受影响	≥0.95	5
略受影响	0.80～0.95	5～20
影响中等	0.65～0.80	20～35
影响较大	0.40～0.65	35～60
影响显著	<0.40	>60

4. 研究区典型地层软化系数

表 4 - 5 为研究区典型地层与软化系数。

表 4 - 5 研究区典型地层与软化系数一览表

地层单位				岩层厚度（m）	滑坡数量	崩岸数量	软化系数
系	统	组（群）	地层代号				
侏罗系	上统	蓬莱镇组	J_{3p}	620～1600	17	1	0.30～0.98
		遂宁组	J_{3s}	370～678	18	2	0.81～0.93
	中统	上沙溪庙组	J_{2s}	1152～1600	20	10	0.22～0.91
		下沙溪庙组	J_{2ks}	350～944	2	1	0.32～0.83
	下统	新田沟组	J_{2k}	240～350	6	1	0.22～0.81
		自流井组	$J_{1-2}Z$	165～189			0.34～0.80
		珍珠冲组	J_1Z	250～361	9		0.35～0.6
三叠系	上统	须家河组	T_{3xj}/T_{3x}	87～458	5		0.61～0.91
	中统	巴东组	T_{2l}/T_{2b}	378～1310	42		0.71～0.74
	下统	嘉陵江组	T_{1j}	152～248	2		0.51～0.67
		大冶组	T_{1t}/T_{1d}	50～756			0.53

研究区内砚包滑坡变形的一个重要原因是其基座为龙马溪组页岩，风化厚度10～15m，强度低，受水浸泡后易软化，强度大幅度降低，水下部分风化物脱离原岩部位，临空基岩沿软弱层面发生顺层滑移。

通常库水对第四系松散堆积层影响更强烈。三峡水库蓄水后有相当一部分残坡积体、崩塌及滑坡堆积体部分或全部被淹于水下，水位以下堆积体胶结半胶结物质在受浸泡后发生解体，易发生塑性流动变形，致使岸坡失稳。

4.2 外动力因素的诱发作用

4.2.1 大气降雨

根据对三峡库区地质灾害与发生时间（月）的统计分析（见图 4－2），灾害主要集中在雨季（5—9 月）发生，约占总频次的 91.9％；尤以 6－8 月最为集中，约占灾害总频次的 81.1％；其中 7 月为全年发生灾害最集中的时间。可见，研究区地质灾害的发生与降水强度有着密切关系，降水是本区地质灾害发生的一个极其重要的诱发因素。

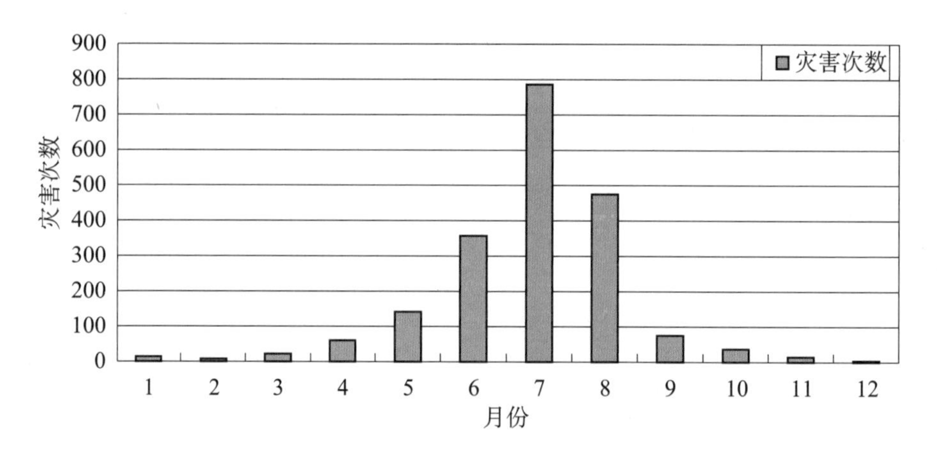

图 4－2 三峡库区山地灾害的年内变化

就三峡水库库岸斜坡而言，对库岸稳定产生影响的水体有两部分，即大气降雨和水库蓄水，而水库是改造岸坡自然稳态的首要因素。在自然状态下，集中或持续型降雨、洪水和地震等是诱发岸坡变形、失稳的基本因素，以降雨入渗的影响最为频繁、明显。统计资料显示，1975 年雨季，秭归发生滑坡、崩塌成灾；1982 年 7 月暴雨期及 1993 年 7—8 月，万县市各县（区）大小崩滑体普遍发生（资料据国土资源部三峡库区地质灾害防治指挥部官方网站）。自然状态下，洪水也是诱发岸坡变形、失稳的重要因素。根据有关资料查证，重庆至宜昌段，岸坡的近代变形主要是 1981 年 7 月和 1998 年 6—8 月间洪水所诱发，1998 年 6—8 月洪水（比 1981 年 7 月洪水低 6～10m）对岸坡的改造影响也很大。

通过三峡水库蓄水前后研究区降雨量的对比（见图 4－3），蓄水后 7—9 月降雨量要超过蓄水前 15.5％，尤其是 7 月，蓄水后降雨量超蓄水前约 18.1％，正是蓄水波动频繁之时，极易诱发库岸斜坡变形，其结论亦与水库蓄水引发变形斜坡的频数与体积的最大月度 7 月吻合。

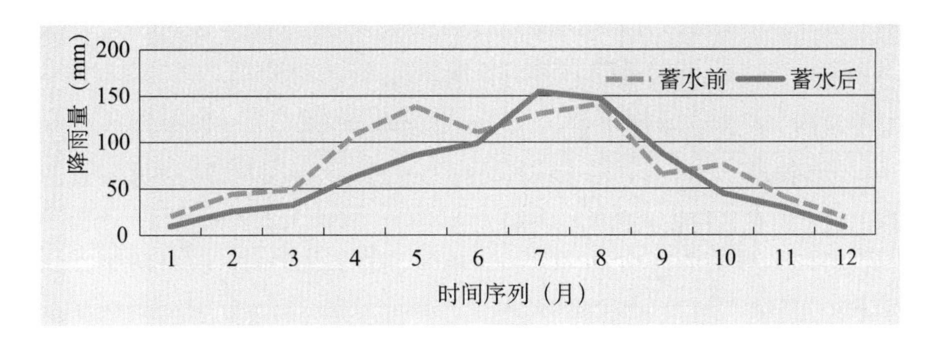

图 4-3　三峡水库蓄水前后库首段年内平均降雨量曲线

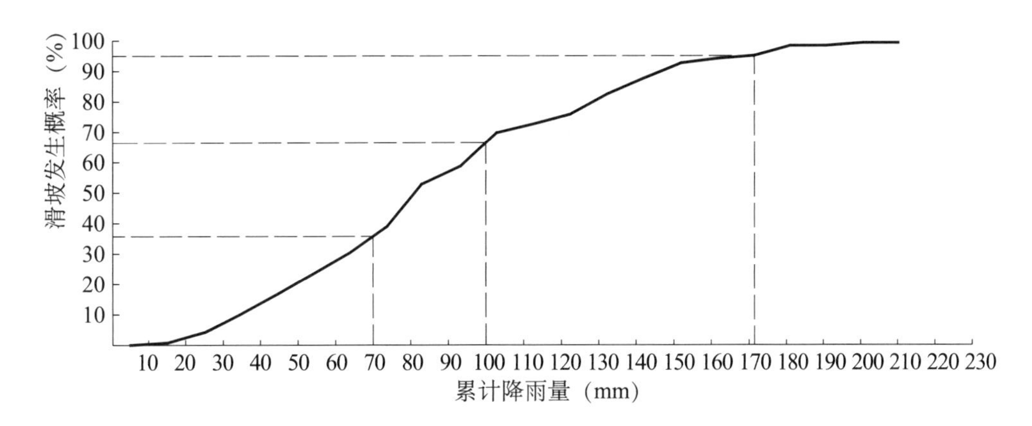

图 4-4　前期累计降雨量（10d）与滑坡发生概率统计

实际调查表明，地质灾害（滑坡）发生的可能性与滑前的暴雨强度和降水量的大小呈正相关，亦与前期阴雨历时和累计降雨量的大小呈正相关。通过对研究库区斜坡变形与相应前期降雨情况（滑动前 10d 的累计降雨量）的统计与分析，前期累计降雨量（10d）与滑坡发生累计概率关系见图 4-4。由图可知，当前期累计降雨量小于或等于 25mm 时，滑坡发生概率小于 5%；当前期累计降水量达 70mm 时，滑坡发生概率达 35%；前期累计降水达 100mm 时，滑坡发生概率达 65%左右；前期累计降水达 170mm 时，滑坡发生的概率达 95%左右。由此可见，前期（累计）降雨是斜坡变形（滑坡）发生的一个重要因素。

4.2.2　水库蓄水

库水对岸坡的稳定性有显著影响，它的影响是多方面的，也是复杂的，不能单纯地定性为“有利”或“不利”。

目前水库以高水位 175m、低水位 145m 运行。按汛期与非汛期划分，三峡水库蓄水消落方案是不同的。非汛期，水库水位从 175m 缓慢降至 145m，一般下降速度不大于 0.6m/d，历时过程 1—5 月。因该期间为枯水季节，大气降雨偏小，一般不发生暴雨。汛期，水库水位从 162m 快速降至 145m，一般下降速度不大于 2.0m/d，历时过程 6—9 月，由于该段时间为本区特大暴雨与特大洪水频繁期，且多同期出现。可见，汛期水库消落方案对库岸稳定性的不利影响是巨大的。

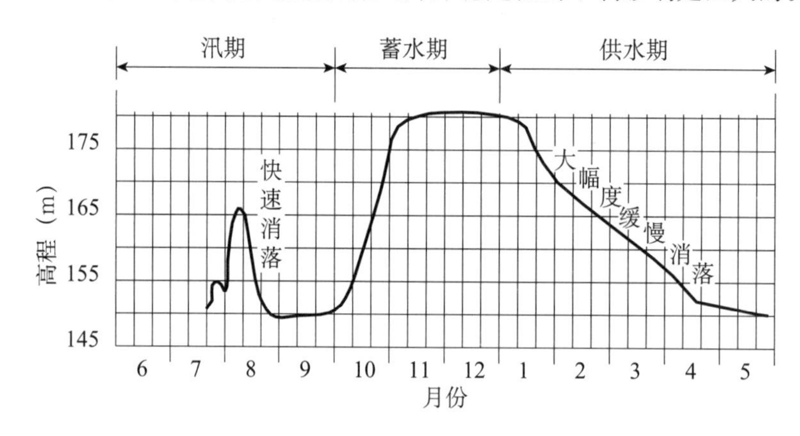

图 4-5　三峡水库坝前水位调节示意图

三峡水库蓄水后，库区岸坡的变形、失稳问题的中心是水位抬高、水位的升降幅度及其频率（30m/年）。1981 年洪水接近长江百年一遇洪水，水位落差 30m 左右，洪峰历时一周。在三峡水库建成后，每年水位涨落 30m，175m 水位历时 2～4 个月，也就是说，河水对岸坡的改造频率、对岸坡的改造类型和改造程度与自然状态有明显区别。下面就水库蓄水对库岸斜坡的影响阐述如下：

1. 建库后地下水化学场的变化

地下水的化学成分是水和岩石相互作用的结果，它的形成和变化主要受气候、地质、水文等因素控制。三峡水库建成后原来的河流地质条件在 145m 水位线以下将转变为近似湖泊环境，水循环速度变慢，水矿化度升高，水的溶解能力提高。通过关联计算研究表明，水化学场变化的影响范围是 150～500m 之间，强影响宽度为 30～250m，弱影响宽度为 40～350m。不同岩性的地层中，由于地层产状的差异，影响的宽度不同，其中三叠系须家河组砂岩由于裂隙发育，连通性好，影响带最宽；沙溪庙组地层裂隙不发育，连通性不好，影响带最窄。

强影响带：丰水期此带地下水的矿化度均随江水位上涨呈下降趋势，与矿化度变化趋势相同的离子有 Mg^{2+}、Ca^{2+}、SO_4^{2-}，而 Cl^- 的变化趋势与矿化度的变化相反。

枯水期该带地下水的矿化度普遍随水位上升而增大。Cl^-、K^+、Na^+离子含量在灰岩中随水位上升而降低，在砂岩中则升高；SO_4^{2-}、Mg^{2+}离子的变化规律正好相反。

弱影响带：地下水中的 HCO_3^- 随水位升高浓度普遍升高，而 SO_4^{2-} 含量呈下降趋势。枯水期灰岩中的 Ca^{2+} 呈升高趋势，Mg^{2+} 呈下降趋势，砂岩中矿化度 Ca^{2+}、Mg^{2+} 呈下降趋势，而在砂泥岩中呈升高趋势。丰水期矿化度随水位升高普遍增大，Ca^{2+} 离子在灰岩和砂泥岩中普遍表现为升高，Cl^- 在灰岩中普遍表现为下降，在砂泥岩中普遍表现为升高。同时地下水化学径流普遍具有升高的趋势，预测增加 10%左右。

2. 水体的冲刷、浪蚀作用

水库库岸斜坡岩土体的物质组成及分布与岸坡地表坡度是库岸塌岸形成的主要内在因素，而库岸斜坡内的渗流作用及其坡前水流冲刷作用是库岸斜坡形成塌岸的主要动力因素。库水对库岸斜坡的冲刷作用有两种形式，一种形式为坡面径流对斜坡表面的冲刷，即强降雨形成的地表径流，可将物质带走形成地表破坏，从而引发新的更大面积的破坏，“水砂流”即是这种形式；第二种形式为水库蓄水后因库面宽阔，风浪冲刷、侵蚀斜坡岸脚，水流冲刷力与斜坡岩土体的抗冲能力相互消长，由不平衡达到暂时平衡，并不断适应演变。在演化初期，岸坡坡脚和滑动面易临空，从而导致滑动。值得注意的是，研究区尤其是坝址附近，较多为第四系堆积体及全强风化带基岩，结构松散，极易受库水冲刷、浪蚀作用而流失，形成下部被掏空，引起局部塌岸，进而影响与其有关的后部斜坡岩土体的稳定（其概化演化过程见图 4-6）。

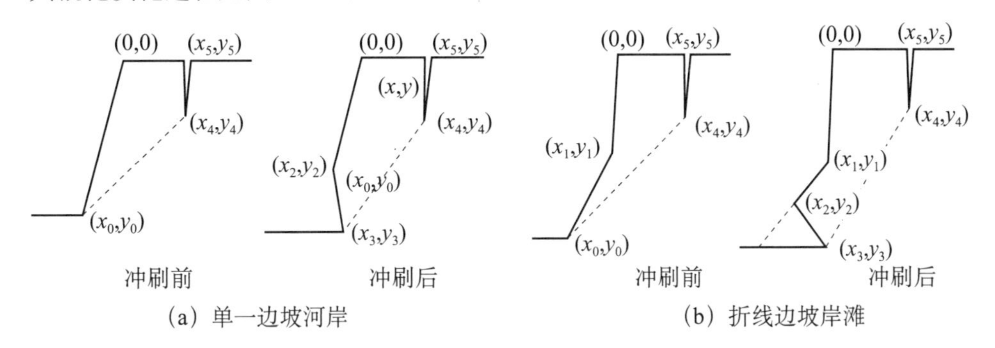

图 4-6　水库蓄水对库岸斜坡的冲刷影响示意图

3. 静水压力

通常，斜坡承受静水压力有以下三种形式：①坡面静水压力；②孔隙、裂隙充水产生静水压力；③滑动面或软弱面静水压力。

（1）当斜坡位于库水位下，且斜坡表层岩土体材料透水性弱（相对不透水）时，斜坡表面承受一定的静水压力，该静水压力与坡面呈正交且指向坡内，因此对斜坡稳定有利。

（2）岩质斜坡中的张裂隙或陡倾角节理与松散堆积体中的孔隙，如因降雨或地下水活动而充水，就会承受静水压力作用。岩质岸坡中该压力大小与裂隙水水头高、充水裂隙的长度有关，它的作用是使斜坡受到一个向着临空面的侧向推力，对边坡稳定不利。

（3）当库水位迅速消落时，由于地下水的滞后效应，结构面上存在较大的水压力，岸坡较容易破坏。

4. 动水压力

若库岸斜坡岩土体的透水性较好，由于水力梯度的存在，地下水在其中运动时就会对斜坡产生动水压力，其方向与渗流方向一致，指向临空面，对库岸斜坡的稳定不利。尤其是当库水位骤降时，岸坡内产生的动水压力较大，对库岸斜坡的稳定极为不利。

5. 浮托力

位于库水位下的斜坡，将承受浮托力的作用，使坡体的有效重量减轻。浮托力对斜坡稳定性的影响有利有弊，主要有以下两方面：一方面，它降低了阻滑力，降低了斜坡的稳定性；另一方面，滑体重量的减小，也减小了下滑力，提高了斜坡的稳定性。其对斜坡稳定性的影响亦为上述两类效应的综合效应。通常而言，由松散堆积体组成的库岸斜坡，蓄水时岸坡发生变形破坏，浮托力的作用往往是原因之一。

6. 水库淤积对地形的改变

三峡水库属河道型水库，水库蓄水后，江水变为库水，水的流速下降，水流挟沙按下式计算：

$$X^{*}=K\left(\frac{V^{3}}{gR\omega}\right)^{m} \tag{4-1}$$

式中：V 为平均流速（m/s）；R 为水力半径（m），对于宽浅河道常用平均水深 h 代替；g 为重力加速度；ω 为床沙平均沉速（m/s）；K 为包含量纲的系数（kg/m^{3}）；m 为指数。可见，水流挟沙能力与其流速三次方呈正比。三峡水库蓄水后，每年有相当一段时间近似静水，有大量泥沙留在水库，其对涉水的库岸斜坡前缘起到护脚的作用，从某种程度上提高了库岸斜坡的稳定性。

为测定水库蓄水对水下地形的改造，对新滩滑坡前缘蓄水前后水下地形进行了测量，通过对滑坡体河段蓄水前后水下地形的对比分析可看出（图 4-7），三峡水库蓄水后，该河段为淤积区，在初期蓄水（2003 年 6 月）至勘测期（2004 年 9 月）的一年多时间里，水下地形形态基本未变，河床平均淤积厚 1～5m。滑坡前缘的淤积盖重将对滑坡体起到压脚作用，有利于其稳定。

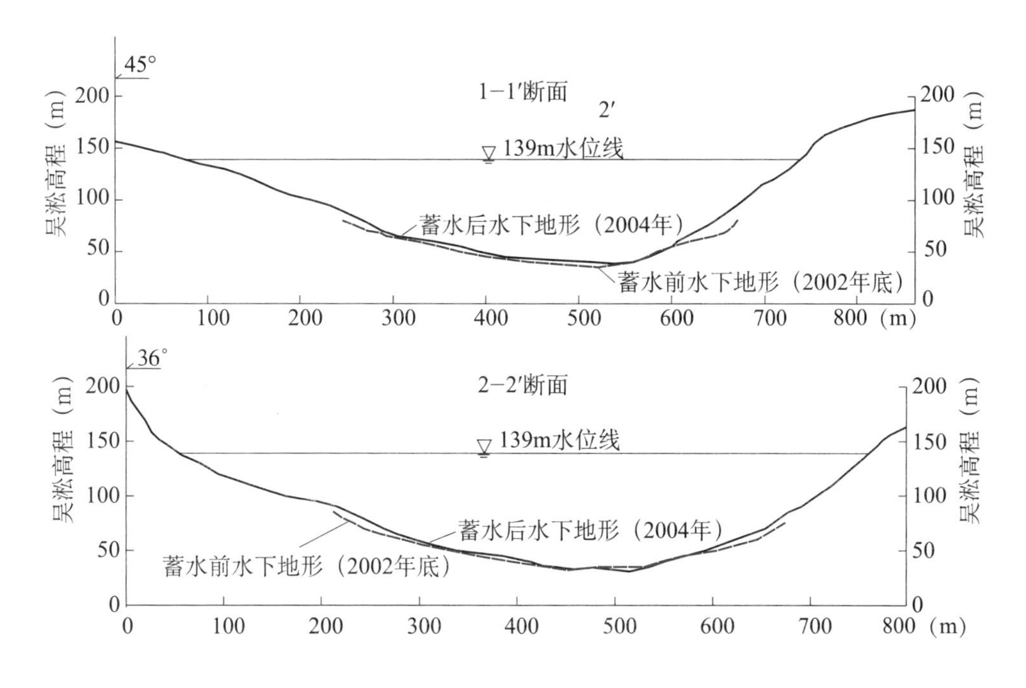

图 4-7 新滩滑坡体前缘 135m 水位蓄水前后水下地形对比图

4.2.3 人类活动

随着人口的增长和科学技术的发展，人类改造自然的能力不断加强，但人类活动也成为造成自然斜坡不稳定的重要因素之一。受三峡工程水库蓄水影响，移民迁建安置多在长江干支流沿岸开展，城集镇迁建呈带状，粗略统计其总周边长 300 余 km。由于三峡地区基本上是山区，地形坡度小于 15°的部位面积仅占库区面积的 15%左右，库区城镇、移民点的建设需要开辟新的耕地，修建新的公路以及其他生活生产辅助设施，这就意味着，大规模的城镇建设必然会大面积地改造在自然状态下处于稳态的岸坡。人类生产活动过程中，设计存在缺陷的工程、不合理的施工方法等往往会破坏自然稳定边坡的平衡状态，对岸坡稳定造成较大的不利影响；同时，虽然受人类活动影响而造成岸坡变形破坏的范围一般不大，但岸坡变形破坏发生的时间一般是很快的，危害性也较大。人类活动对库岸斜坡的影响主要体现在以下几个方面：

（1）人为加载

因城镇迁建的需要，大量的密集建筑物得以修建，从而增加了上述区域斜坡上的垂直荷载，而水库蓄水后沿江库岸下部岩土经水浸泡软化，容易出现“上压下软”的现象而使库岸斜坡稳定降低而失稳。

（2）爆破作用

爆破产生强烈的震动，使爆破点附近岩土体结构松动，给岸坡稳定带来潜在危险。爆破对库岸斜坡的破坏作用是直接的，其影响方式与地震相似，因其释放能量较小从而影响深度较小，范围不大。

（3）人工开挖

由于建设等的需要，对库岸斜坡采取“大范围切脚”、“开膛破肚”等开挖方式获取建设空间，从而导致或诱发库岸斜坡的失稳、滑坍。这类库岸斜坡的变形失稳，多数是由于开挖时没有考虑岩体结构的空间展布与力学特性，或者因开挖与切割原控制库岸斜坡稳定的主要结构面，形成滑动临空面，使斜坡岩体失去支撑而发生变形。

（4）人工堆积

城镇迁建中形成数量巨大的弃渣，其物质成分多为风化砂夹碎块石，若理不当，随意堆弃，同时地表排水不畅，在水流冲蚀之下，水、风化砂及其他岩土体混合形成“水砂流”，具有比水流更强的下蚀和侧蚀能力，对自然岸坡和人工边坡的稳定较为不利。

（5）采矿

该地区煤矿、磷矿及石灰石资源较丰富，采矿或采石形成规模不等、相间分布的采空区，破坏了岩体介质的连续性，使岩体基座的应力状态趋于复杂化，岩体底部受力极不均一，产生的各种力学效应使岸坡变形加剧，如链子崖危岩体。

4.3 其他因素

水库库岸变形与否，不是某一因素单独隐隐影响的结果，除上述影响因素外，在一些特定岩组岸段，还需要考虑其他一些因素的影响，如岩溶作用、地震影响及植被覆盖等。

(1) 长期地震研究表明，三峡地区属弱震环境，尚未发现人类历史上地震活动引起大规模岸坡破坏的可靠记载，大部分岸段地震活动对岸坡稳定性影响不大。仅在庙河—香溪河段，由于跨越秭归—渔洋关地震，且两岸地层岩性主要为碳酸盐岩，部分岸段岩溶较发育，存在水库诱发地震的条件。水库诱发地震产生的水平加速度，可能成为变形体失稳的触发因素之一。一些学者的研究也表明，水库岸坡崩滑事件与该区断层活动、地震活跃期具有很好的对应关系，只是崩滑事件发生时间略有滞后。水库诱发地震具有高频率、低强度的特点，虽然单次激发作用不足，但累进性破坏对滑坡的复活也有一定影响。

(2) 岩溶及岩溶水动力作用对边坡稳定性的影响也十分显著。岩溶发育破坏了岩体的完整性，并加剧了裂缝变形。垂直边坡走向的横向溶蚀面对地下水有较好的疏排作用；平行边坡发育的纵向溶蚀面则可以形成卸荷面、崩滑体后缘破裂面。岩溶地下水往往赋存于地下岩溶管道、洞穴，地下水动态变化较大，静水和动水压力骤增或骤减，岩溶水对岩体的溶蚀、冲蚀和劈裂破坏作用，渗透水流对软弱夹层的软化作用等，都会对边坡稳定产生不利影响。

(3) 植被对库岸稳定也有一定影响。根据对 Lantau 岛自然地表的研究，Franks (1999) 认为植被稀疏的斜坡最易发生破坏；然而 Dai[161] 等发现与草地相比，裸地发生滑坡的概率要低；Nilaweera 和 Nutalaya[162-163] 就植被如何影响滑坡的敏感性提出了解释，认为需要考虑 4 种因素，其中水文因素（由于蒸发作用造成土壤湿度下降）和力学因素（植物根系的固定作用）增加了斜坡的稳定性。植被斜坡土体的加固效应是明显的，植被能够减弱水土流失及控制浅层滑坡的发生。但是，由于大多数植物的根系较短，多深入地表以下约 1.5m 以内，其加固深度远达不到滑坡滑面深度。另外，植被蒸腾能够显著降低地下水位，但由于其主要发生在降雨事件的间歇期或旱季，而且进展缓慢，不能有效控制降雨过程中地下水位的大幅抬升及应力环境的恶化，因此，植被在深层滑坡防治方面的作用是有限的[164-166]。

总体上说，良好的植被可对岸坡形成护坡，减少降雨渗入量，降低雨水的面蚀能力，可以有效防止水土流失。植物根系生长嵌入岩土体时类似锚索作用，起到了提高岩土体抗剪强度和抗冲刷能力的作用，对岸坡稳定具有积极作用。

4.4 岸坡变形机制

库岸斜坡自形成起，其稳定性是随其所处环境的影响而不断变化的，其中所谓“稳定态”是相对并暂时的状态，仅存在特定的地质环境条件下；若环境发生改变，库岸斜坡将发生局部或整体性的变形和破坏，以达到新的平衡，这一过程可以是漫长的。如自然斜坡的发展演化过程，也可以是短暂的；如蓄水后，水库岸坡的调整改造。从理论角度讲，斜坡的变形和破坏属于不同的层面，其以斜坡中是否出现连续性或贯通破坏面为判断准则，从变形到破坏失稳是一个量变到质变的过程。通过对近坝库段岸坡变形现状的研究总结，蓄水后岸坡将以两种变形破坏方式为主，即塌岸与滑坡。

4.4.1 塌　岸

水库蓄水后，由于周期性的水位抬升、消落及波浪作用，岸坡被掏蚀、磨蚀、搬运而产生的变形，一般称之为“塌岸”。由于水库塌岸所引起的库岸轮廓线的变化，即一般所说的“库岸再造”。库岸再造的结果是最终形成在蓄水和运行条件下稳定的水上及水下边坡。库岸坍塌的过程如图 4－8 所示。

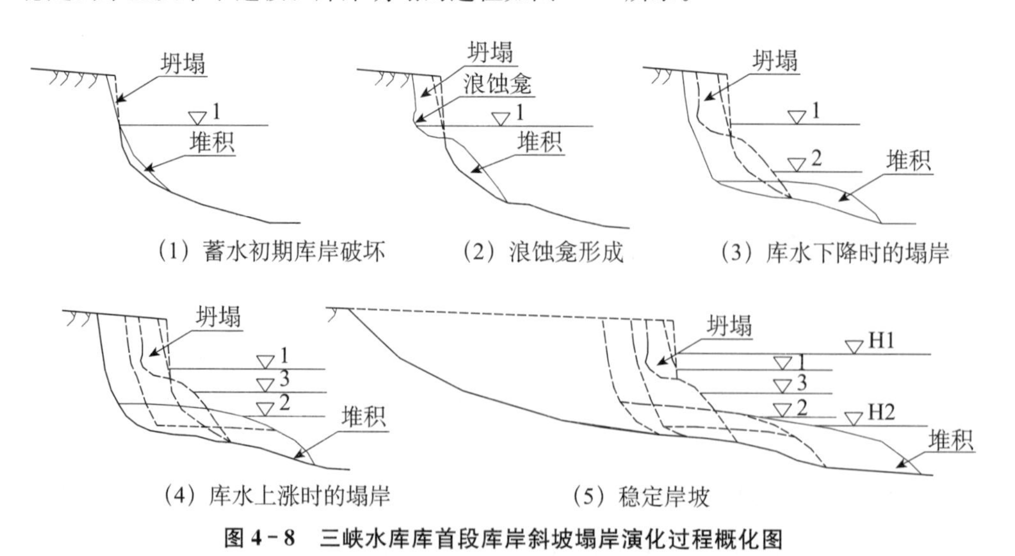

图 4－8　三峡水库库首段库岸斜坡塌岸演化过程概化图

1、2、3 分别表示库水位的变化，H1 与 H2 分别为正常蓄水位及死水位

三峡水库岸坡类型总体分两种，即岩质岸坡和土质岸坡（岩土质复合岸为两者混合）。岩质岸坡中，由于岩石性质（岩体抗风化能力、岩体结构等）的差异，

库岸再造的模式和速度等都有区别。通常，土质岸坡库岸再造比较强烈，其再造速度也快；而岩质岸坡在多数情况下，塌岸现象不明显，且塌岸历时较土质岸坡过程为长。岩质岸坡中，结晶岩全强风化岩体库岸再造较强烈，一般很快就趋于稳定，而抗风化能力较强的碳酸盐岩岸坡几十年甚至上百年根本看不到库岸有大规模再造现象，仅表现在局部岸段有小变形。

（1）松散堆积物

第四系各类堆积物（残坡积物、崩积物等）在水浪冲刷掏蚀作用下，很容易发生塌岸、崩滑等。三峡水库蓄水后的首个蓄水期，其库岸斜坡势必受到历史未曾经历的库水浸泡，从而引起库岸岩土体结构的破坏与崩解或坍塌。随着三峡水库蓄水水位上升，库岸斜坡临水面变宽，淹没水深加大，导致风浪作用明显增强，风浪冲刷和磨蚀库岸，库岸下部岩土体结构被破坏并掏蚀，浪蚀龛出现，库岸上部岩土体失去支撑，产生塌落或滑落现象。随着水库蓄水时间的延续，在水库水位波动的不断反复作用下，水库库岸斜坡呈坍塌式破坏的现象呈长时间延续，水库库岸线逐渐后退，塌岸持续发展，当水下、水上库岸斜坡同时达到稳定坡角时，塌岸停止。

三峡工程近坝库岸目前有较多的第四系各类堆积物分布，其再造作用及因此引起的变形是三峡库岸变形调整的一种主要表现。

（2）基岩库岸

岩质岸坡结构更加复杂，岩石性质差别更大，库岸再造的速率差别也更大，库岸再造过程的规律性比土质岸坡要差。

塌岸型式因库岸的地质条件、库岸变形失稳的破坏机制的不同而不同；研究区塌岸在各类岩组岸坡中都有发生，但庙河以下结晶岩库岸段内最为强烈，结晶岩上部岩石风化较强烈，全强风化岩体厚度5～20m，结构松散，蓄水后，水下部分将完全冲刷，水上部分全风化岩体将出现滑落。前震旦系结晶岩上部岩体一般风化较强烈，在水流冲刷及浪蚀作用下，极易发生冲蚀、剥蚀型塌岸。当岩体中裂隙或岩脉发育时，岸坡风化岩体也易沿不利结构面倒向坡外，岸坡易发生崩塌型塌岸，岸线逐渐后退。

庙河以上，以坚硬层状碳酸盐岩为主的岸坡，其再造速度、程度极慢，几十年甚至上百年库岸整体形态没有大的变化，更多表现为局部的危岩体崩塌。

4.4.2 滑 坡

水库滑坡的形成，其斜坡自身工程地质条件是内在且本质的因素，更重要的是因水库蓄水和运行时边坡渗流场的变化，导致应力应变场发生改变，从而改变了斜坡原有的平衡状态。为讨论方便，暂不考虑库水对斜坡岩土体材料的劣化效应，在实际影响过程中，其悬浮减重和水压力的组合效应对库岸斜坡稳定的影响是极其复杂的。通过对水库库岸斜坡稳定性分析得知，斜坡的稳定系数是库水位的函数（图 4－9）。通常情况下，库水位调节若非骤降，库水渗入滑体的高度最终会与库水位平衡，从图 4－9 中可以看到，随着水库水位从零（坡脚处）上升到超常水位时，斜坡稳定系数变化为 J→E→D→C→B→A 过程曲线，即先减小后增大，而且水库水位在正常水位（Ⅲ）和限制水位（Ⅱ）之间时得到最小值（0.95）。

工程实际中，库水位骤降时滑坡内的水压是难以确定的（见图 4－9），用线 KP 表示水位从超常水位（Ⅳ）速降至限制水位（Ⅱ）时的超孔隙水压力，其用计算采用线 PN（限制水位）、滑动面和线 PK（超孔隙水压）围合面积进行计算，得斜坡稳定系数为 0.77（F 点）。同理，得到水位从正常水位（Ⅲ）骤降至限制水位（Ⅱ）及低水位（Ⅰ），以及从限制水位（Ⅱ）降到低水位（Ⅰ）时的稳定系数分别为 0.89、0.88 和 0.90，分别见图 4－9 中的点 G、H 和 I。

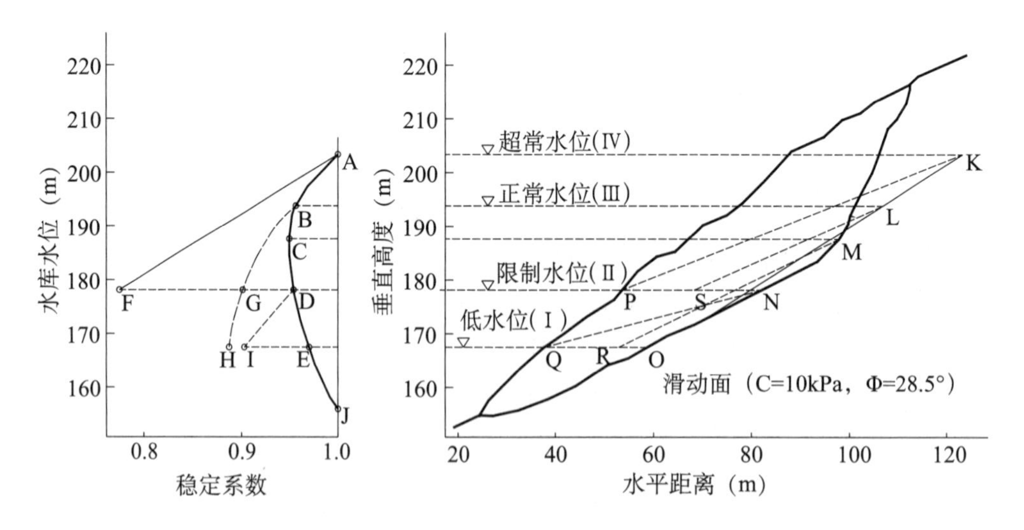

图 4－9　斜坡的稳定性系数随水库蓄水量的变化而改变的情况（中村浩之，1990）

库水位骤降时，因斜坡内的超静孔隙水压的存在，斜坡稳定系数较水库水位上升时的相同位置要小。水库水位降落时，斜坡内的超静孔隙水压力消散，斜坡稳定系数将和水库水位上升时相同位置一样。受库水位降落速率影响的斜坡稳定系数，其最小值不是出现在水库最低水位时期，而是出现在水库水位降落期间，其一般出现在库水位降落速率较大的低水位。总体说来，受库水影响的水库斜坡，其宏观变形量自斜坡前缘向后缘递减；斜坡变形起始时刻一般滞后于库水位上升。通常，斜坡前部位移开始加速启动要早于斜坡后部，这说明库水位向斜坡内的渗透是一个自前缘至中后部的发展过程。

通过上述在库水作用下的斜坡稳定性变化分析，结合岸坡变形的影响因素及库水对库岸斜坡岩土体的作用效应，总体说来，水库型滑坡的变形主要有以下几类模式：

1. 水库水流及其风浪对库岸产生塌岸破坏，改变库岸形态，从而诱发滑坡体变形。

水库蓄水后水流速度降低，但水库水流对岸坡仍具有一定的冲刷能力。三峡库区风向因受地形影响，季节性变化不大，重庆至奉节以偏北风为主，巴东至宜昌以东南风为主。库区内平均风速 9.5m/s，但历史上有过多次异常大风，如 1976 年 4 月 3 日重庆出现 22.9m/s 风速，万州在 1973 年 8 月 27 日出现 33.0m/s 风速，坝区 1965 年 7 月 5 日出现 20m/s 风速。三峡库区顺风向吹程不长，一般在 1～4km。

按平均风速计，在考虑风浪及行船波浪时，库区浪高一般可达 1～2.5m 左右，其对库岸可产生塌岸破坏，改变库岸形态，使滑坡前缘变陡，加快滑坡的渐进破坏，从而诱发滑坡。如石榴树包滑坡在 139m 蓄水时，其前缘岸坡发生塌岸破坏，导致滑坡整体出现蠕滑变形。

2. 滑坡地下水位上升，增加对阻滑段滑体的浮托作用导致滑坡失稳；库水位骤降产生的超孔隙水压力增加滑体重量，诱发滑坡。

（1）众所周知，三峡库区的鸡扒子滑坡复活的力学原因主要是水压作用，由于鸡扒子滑坡具有上陡下缓的弧形岸坡结构，库水对滑体下部作用效应主要是浮托力，中上部为浮托力与推力。此类库岸斜坡的下伏岩层产状平缓，为抗滑段，为斜坡稳定提供抗滑力，因水库存水位上升产生浮托力，斜坡下部滑体减轻重量而致使滑坡失去了足够的抗滑阻力而下滑。具有这类水文地质结构的岸坡发生破坏与鸡扒子滑坡的复活类似，是重力与水压共同作用的结果；若没有足够水压力作用，库岸斜坡是稳定的，因此其破坏的首要条件是岸坡地下水位升高到一定高度，如暴雨、久雨或水库蓄水及二者耦合条件下，致使斜坡体下部阻滑段因浮托力而不能提供足够的抗滑力，从而导致库岸斜坡失稳。通常出现暴雨、久雨的概率不大，故降雨条件下滑坡呈浮托型失稳的概率是小的；但水库蓄水可以很迅速地抬高岸坡地下水位而导致滑坡失稳；通常，大规模的水库复活型滑坡多是在上述因素的耦合作用下发生。

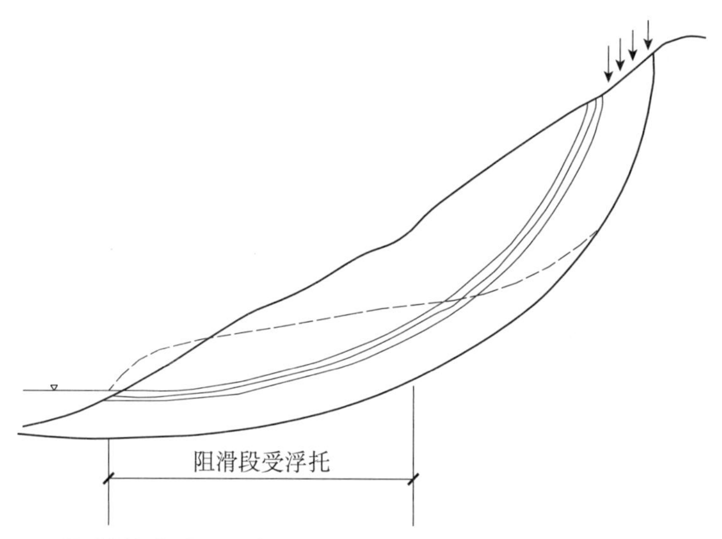

图 4-10 滑坡缓倾部分承压地下水浮托失稳模式（鸡扒子滑坡、瓦依昂滑坡等）

（2）水库水位骤降，因斜坡体中地下水位下降相对水库水位变化较为滞后，坡体内产生超静孔隙水压力，易诱发滑坡复活。

3. 滑坡滑带浸水后，滑带土含水状态由非饱和变为饱和，斜坡特质基质吸力基本丧失，物理力学抗剪强度降低，滑坡变形。

研究表明，近地表的土具有负孔隙水压力，其对保持斜坡稳定起着重要的作用，连续暴雨、久雨或水库水位升高致使孔隙水压增大，土坡失稳。滑坡出现时，其滑动面附近的孔隙水压可能是负值，也可能是正值。通常，非饱和带呈负值，饱和带呈正值。

Fredlundetal[167]提出非饱和土剪切强度计算方法，并建立以下计算公式：

$$\tau=c'+\tan\varphi\ (\sigma-u_a)\ +\tan\varphi'\int_0^{s_u}\left[\frac{s-s_r}{1-s_r}\right]\mathrm{d}s \tag{4-2}$$

式中 $s_u=u_a-u_w$ 为吸力；s 为饱和度；s_r 为残余饱和度。

Mckee and Bumb（1984）和 Brook and Corey（1964）[167]利用土水特征曲线方程，分别给出了非饱和土剪切强度预测模型的闭合解。这些解虽然近似，但形式简单，适合于饱和消散相对较快、有较低进气值的砂性土、砂土和粉土。

Lamborn（1980）[167]通过延伸建立在不可逆的热动力学原理基础上的微观力学模型提出了一种土的抗剪强度方程，这种不可逆的热动力学原理考虑了包含固相、液相、气相等多相材料的能量和体积关系，方程如下：

$$\tau=c'+(\sigma-u_a)\ \tan\varphi'+(u_a-u_w)\ \theta_w\ \tan\varphi' \tag{4-3}$$

式中 θ_w 为土的体积含水率，定义为水的体积与土体总体积之比，θ_w 随着基质吸力的增加而减少，是基质吸力的非线性函数。

从式中可以看出，与基质吸力相联系的摩擦角不可能变为 φ'，除非体积含水量等于 1。

Peterson（1988）对于饱和度小于 85%的黏土，提出下列抗剪强度方程：

$$\tau=c'+(\theta-u_a)\tan\varphi'+c_{\psi} \tag{4-4}$$

式中 c_{ψ} 是由于吸力而产生的黏聚力。方程中，吸力对抗剪强度的影响考虑为黏土黏聚力的增加，表观黏聚力 c_{ψ} 是依赖于土的含水量。

对于各种土，当含水量接近于零时，吸力值近似为 106kPa；当含水量接近饱和度时，吸力值为零。Russam（1958）、Corneyetal（1958）、Fredlund（1964）、Fleureau et al（1993）和 Varapalli（1994）对各种土的试验结果都支持这个结论，这个被观察到的表现也得到热力学原理的支持（Richards，1965）。工程师们总是关心较低吸力范围内岩土结构的性状，高达 106kPa 的吸力值和与此相对应的较低的含水量仅仅定义流量边界条件有用，以及在数学上确定整个土水特征曲线具有价值。

4. 地下水对滑坡膨胀土的作用，使滑坡呈膨胀岩活化松动破坏模式。

根据黏土岩和滑带土矿物测试结果，已经确认三峡库区存在蒙脱石有效含量达 8%～10%以上的弱膨胀母岩。虽然这些母岩蒙脱石可能多属钙镁型，膨胀率较小，但弱膨胀岩一般具有 3～5kg/cm^2、最高达 15kg/cm^2 的膨胀压力，若覆盖层厚度的重力分力 P_r 大于膨胀压力 P_e，膨胀岩将不起什么作用；但 $P_r<P_e$ 时将引起一系列破坏现象（P_r 可因冲刷剥蚀变薄而逐渐减小）。表 4-6 为研究区典型黏土岩胀缩特性测试成果。

表 4-6 兴山县古夫膨胀土胀缩特性测试表

区域	含水量（%）	缩限（%）	收缩系数（%）	无荷膨胀率（%）	50kPa 膨胀率（%）	膨胀力（kPa）
王家岭	23.8			10.3	1.6	193
	24.8	12.0	44	12.4	3.30	156
张家坝	28.2	10.8	49	7.1	0.47	54
	24.3	9.7	50	6.3	−0.03	75

首先膨胀弱岩层最先接受水的局部范围活化，发生膨胀，使上覆岩体局部受力，沿裂隙张或剪破坏（以张为主）。以后这个范围随水的渗入范围扩展而逐步扩

大。这种不均匀的受力最容易使岩层逐次松动破坏，膨胀层强度降低，在其他力（自重力、水压力等）共同作用下，破坏坡体而发生滑坡。但完全由这一机理单独导致岩坡破坏的可能较少，而主要是复合作用模式。例如以膨胀机理为主，重力或水压为次，或者相反。但弱膨胀岩的存在的确给 $P_r<P_e$ 的情况形成了作用的条件。总之，多动力因素复合作用模式是相当一部分滑坡发生的主要原因。

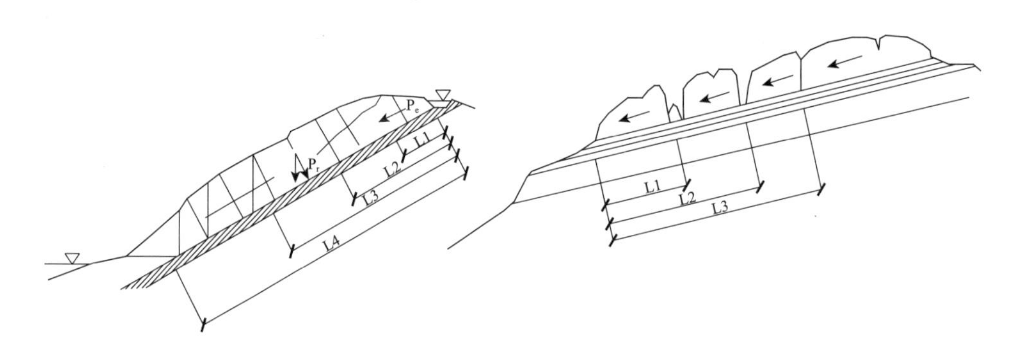

图 4－11　膨胀弱岩层活化对岸坡破坏的作用模式

5. 水对滑带土的浸泡、软化与泥化降低滑带抗剪强度，滑坡形成。

根据对三峡库区滑坡滑带土的黏土矿物的分析，其多为水云母、高岭石、蒙脱石、绿泥石和有机碳，上述几种矿物均为亲水性矿物。有关研究表明，水云母、高岭石结晶程度高者其结构是较稳定的，而结晶差者则结构稳定性较差，其吸附力是由破裂的键产生的。除少数具有较高吸附能力的水云母外，它们多是具有低亲水能力和低收缩性甚至无胀缩性的矿物。

影响岩石软弱和活化特征的矿物主要是蒙脱石。由于蒙脱石吸附离子主要由晶格内置换引起，其晶体结构单元之间的空间容易被水或其他极化分子穿入，能接纳厚的层间吸附水层，属于晶格内膨胀（晶间膨胀）。水层厚度主要取决于可交换的阳离子类型，尤其是 Na^+、K^+ 起联系作用和交换阳离子时，这种结合最弱，因而钠蒙脱石分散度非常大。而交换阳离子为 Ca^{2+}、Mg^{2+} 时，由于键力较强，水吸附能力较低，钙蒙脱石分散度较小。蒙脱石的阳离子交换容量很高，为 80～150me/100g，比表面积可达 800m^2/g。黏土矿物粒径 d 为 0.1～1μm，厚度 t 为 0.001～0.1μm。以上这些性质决定了蒙脱石能吸附大量的水而膨胀，同时也能失去大量的水而收缩。曲永新认为，“泥质岩的活化趋势是由其组成矿物的活动组分决定的，活化作用是通过失水、吸水特性表现出的”。因而蒙脱石在岩石浸水条件下强度降低，并通过胀缩作用在机械崩解、风化等方面起主导作用。

第二种软岩矿物为绿泥石，它的晶格也类似于云母，为层状结构，其层是极化的。它的化学成分中比云母含更多的水。M. shurendra 认为绿泥石含量与黏土抗潮解性能成反比，绿泥石含量增加则页岩抗潮解能力降低，由于具有膨胀潜势能的绿泥石黏土矿物含量的增加，会使黏土破坏加剧，因而含绿泥石的黏土岩也容易风化。中上三叠统与遂宁组泥岩普遍含有少量绿泥石，在一定程度上降低了岩石抗潮解性能和风化能力。尤其遂宁组软弱泥岩，同时含有蒙脱石和绿泥石，它们共同作用对岩石强度降低（软化）是不利的。这是黏土矿物类型与组合对页岩、泥岩软化性（潮解性）的影响。

第三种矿物是碳质，主要存在于 T_{3xj}、J_1Z、$J_{1-2}Z$ 与 J_2X 的碳质页岩层和薄煤层及其顶底板，此外 J_{3s} 泥岩层沿层间常含碳化植物化石。碳质之所以成为弱化岩石矿物，是因为它们在岩石中常是定向分布，还因为含碳量越高时岩石的胶结程度越差，并且页理发育易于风化。

6. 水库诱发地震产生的动荷载力与冲击水压作用可导致滑坡失稳

水库诱发地震最早发现于希腊的马拉松水库，伴随该水库蓄水，1931 年库区就产生了频繁的地震活动。1935 年美国的胡佛坝截流蓄水，1936 年 9 月库区产生频繁的地震活动，主要震级达 5 级。地震活动一直持续到 20 世纪 70 年代。最早发生震级大于 6 级的水库是我国新丰江水库的 6.1 级地震（1962 年 3 月 19 日），水库库岸斜坡发生崩塌和滑坡，大坝右侧坝体发生裂缝。

三峡水库诱发地震问题一直是人们关注的问题，经过多年论证认为，从三峡工程所处的地质环境分析，不排除局部地段产生水库诱发地震的可能，影响到坝区的地震烈度不超过 6 度。坝址区基本烈度为 6 度，设计烈度为 7 度。在一些低安全度岸坡上，由于地震附加动力荷载，岸坡共振与放大效应可使岸坡破坏。由于承压含水层中的地下水处于半封闭状态，裂隙岩体的结构面压缩一般只需每平方厘米数十到数百公斤压力，而水的不可压缩性（压缩系数 $>4\times10^4\,kg/cm^2$）会在封闭裂隙中受地震力而引起类似于水锤效应的冲击水压，使水压突增数倍，在动荷载力与冲击水压作用下可导致岸坡失稳。当然这种事件发生概率很小。

4.5 斜坡变形过程数值模拟

水库蓄水运行，必引起水环境变化、地下渗流场变化，改变坡体的受力状态；必然引起应力应变的重新分布，进而引起滑坡塑性区的变化和坡体位移的变化。为了探明库水位及降雨作用下斜坡变形机理，将应用饱和-非饱和渗流耦合计算的数值方法和考虑非饱和土强度及非饱和土本构模型的数值方法，以及 FLAC 3D 软件，考虑水库蓄水及降雨共同作用下，对斜坡变形及稳定性的数值模拟进行分析。

4.5.1 FLAC 3D 基本原理

FLAC 3D 是 Itasca 公司开发的三维显式有限差分程序，其可以模拟岩、土质或其混合以及其他材料的三维力学行为，可以精确地模拟屈服、塑性流动、软化直至破坏的整个过程，尤其适用于软弱介质材料的弹塑性分析、大变形分析以及施工过程模拟，并且可以在初始模型中加入诸如断裂、节理构造等地质因素。

FLAC 3D 以节点为计算对象，将力和质量均集中在节点上，然后通过运动方程在时域内进行求解。节点运动方程可表示为以下形式：

$$\frac{\mathrm{d}v_i^1}{\mathrm{d}t}=\frac{F_i^1(t)}{m^1} \tag{4-5}$$

i（t）——t 时步（时）节点 l 在 i 方向的不平衡力分量，可由虚功原理导出。每个四面体对其节点产生的不平衡力的计算公式如下：

$$p_i^1=\frac{1}{3}\sigma_{ij}n_i^{(1)}s^{(1)}+\frac{1}{4}\rho b_i V \tag{4-6}$$

式中：

σ_{ij}——四面体上对称的应力张量；

ρ——材料密度；

b_i——单位质量体积力；

V——四面体的体积。

任意一节点的节点不平衡力为包含该节点的每个四面体对其产生的不平衡力之和。m^1 为节点 1 的集中质量，在分析动态问题时，采用实际的集中质量；而在分析静态问题时，则采用虚拟质量以保证其数值稳定。对于每个四面体，其节点的虚拟质量为：

$$m^1=\frac{\alpha_1}{9V}\max\{[n_i^1 s^1]^2,\ i=1,\ 3\} \tag{4-7}$$

式中：$\alpha_1=K+4/3G$，K 为体积模量，G 为剪切模量。式（4－7）成立的前提是计算时步 $\Delta t=1$。将式（4－5）左端用中心差分来近似，则：

$$v_i^1\left(t+\frac{\Delta t}{2}\right)=v_i^1\left(t-\frac{\Delta t}{2}\right)+\frac{F_i^1(t)}{m^1}\Delta t \tag{4-8}$$

FLAC 3D 可以由速率求得某一时步单元的应变增量，其公式如下：

$$\Delta\varepsilon_{i1}=\frac{1}{2}\left(v_{i,j}+v_{j,i}\right)\Delta t \tag{4-9}$$

假设材料的本构关系可以用函数 H 来表示，则应力增量可表示为：

$$\Delta\sigma_{ij}=H\left(\Delta\varepsilon_{ij},\ \sigma_{ij},\ \cdots\right)+\Delta\sigma_{ij}^{c} \tag{4-10}$$

式中：$\Delta\sigma_{ij}^{c}$是在大变形情况下根据时步单元的转角对本时步前的应力进行的旋转修正。

$$\Delta\sigma_{ij}^{c}=\left(\omega_{ik}\sigma_{kj}-\sigma_{ik}\omega_{kj}\right)\Delta t \tag{4-11}$$

其中 $\omega_{ij}=1/2\left(V_{i,j}-V_{j,i}\right)$

由各时步的应力增量进一步叠加即可得总应力，然后就可由虚功原理求出下一时步的节点不平衡力，进入下一时步的计算。

水库蓄水后，采用 FLAC 3D 可以对滑坡进行预测，计算中采用 Mohr-Coulomb 屈服准则，岩土体材料视为不抗拉材料，采用非关联流动法则，剪胀角视为零，对于地下水采用 Griffiths and Lame（1999）[168]所建议的方法进行：斜坡体内水位线以下任一点的孔隙水压力为该点的静水压力，利用总应力与孔隙水压力之差得到单元有效应力进行弹塑性分析计算。

4.5.2 工程地质条件

某斜坡位于研究区内的长江左岸，斜坡面积 20.8 万 m^2，总规模 624 万 m^3。斜坡前缘呈弯月形向长江突出，地形平缓，后缘圈椅状特征明显，后缘壁以上坡度 40 度以上。滑体物质为碎块石土，局部为粉质黏土夹碎块石，滑体厚度 15～42m，平均厚度 30m。滑带较连续，中前部具次级滑带，岩性为碎石土（角砾土），厚度分布不均，小者 42cm，大者 2～3m。滑床中部至后缘由桐竹园组及聂家山组粉砂岩、长石石英砂岩、泥质粉砂岩、泥岩等组成，中部至前缘由沙镇溪组，巴东组第五段和第四段粉细砂岩、泥质粉砂岩、煤层、白云质灰岩、泥灰岩等组成。该斜坡边界较清楚。连续降雨及暴雨是该区主要灾害性天气。区内地下水类型主要为松散堆积层孔隙水、碎屑岩层间裂隙水，主要接受大气降水补给，长江为排泄基准面，地下水属中性，对砼无腐蚀性。滑坡体渗透性不均一，透水性表层中等，中部为弱透水，底部为微透水。

4.5.3 斜坡变形数值模拟

通过计算三峡水库蓄水过程及试验蓄水运行时水位升降过程中滑坡稳定系数的变化情况，来探讨三峡水库蓄水及正常库水位调节对滑坡稳定性的影响规律。

（1）沿古滑带变形破坏及稳定性分析

与三峡水库整个蓄水过程及正常库水位变化过程相对应，分别计算各相应时刻滑坡的稳定系数，将计算结果绘制成滑坡稳定系数及三峡水库水位变化随时间过程线图（图4－12），三峡水库水位升降对滑坡稳定系数影响图（图4－13）。

（2）水库作用下滑坡沿中下部滑体塑性区剪出破坏模式及稳定性分析

在水库作用下滑坡沿中下部滑体塑性区剪出是滑坡灾害中常见的现象，本次模拟分析计算揭示出在库水位运行过程中，存在沿滑坡中下部滑体高程143～162m、162～177m两个塑性区剪出的破坏模式（模式2、模式3），稳定性系数分别为1.02～1.07及1.04～1.08，处于极限平衡状态（见表4－7）。

表4－7　滑坡沿中下部滑体塑性区剪出破坏模式及稳定性分析

破坏模式	塑性区高程位置（高程m）	库水位工况	稳定性系数
模式2	162～177	①175m水位骤降145m；②175m水位持续60天	1.04～1.08
模式3	143～162	①175m水位；②175m水位骤降145m；③145m水位持续60天	1.02～1.07

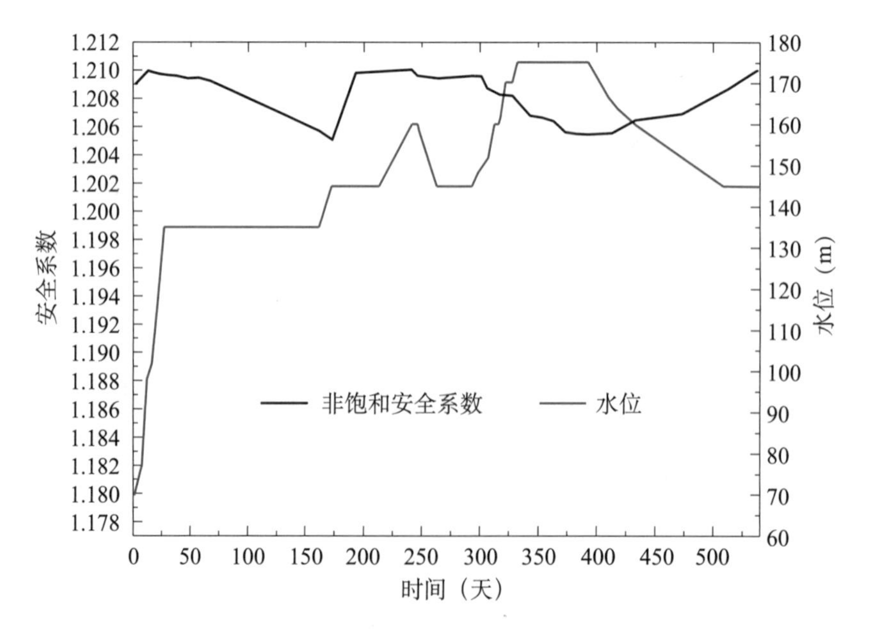

图4－12　滑坡稳定及库水位随时间变化过程

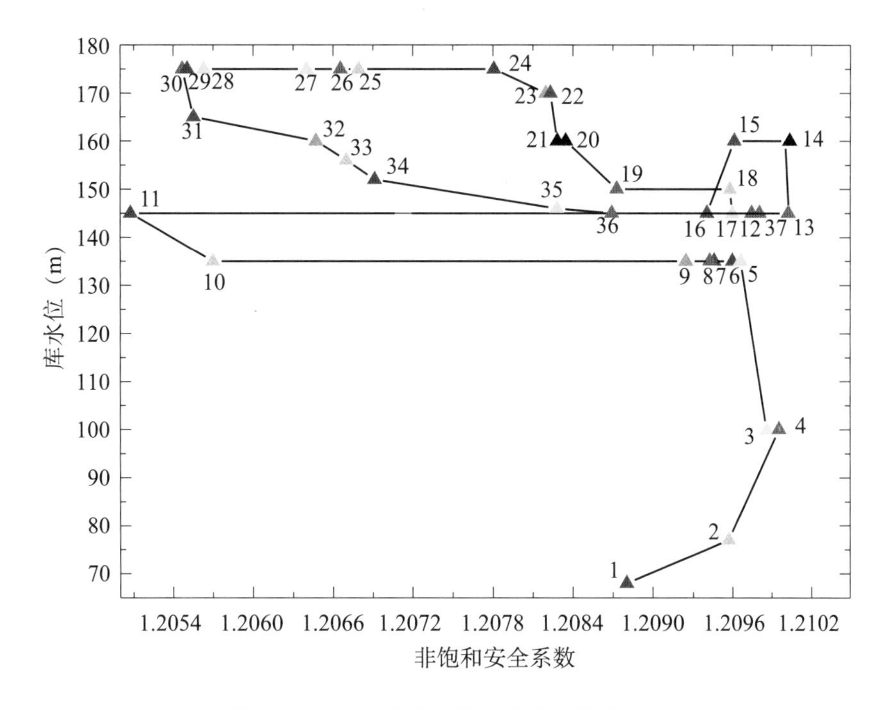

图 4-13 库水升降对滑坡稳定系数的影响

从图 4-13 发现，三峡水库第一次蓄水（库水位快速从 68m 提升到 135m)，最初几天滑坡稳定系数随库水位提升而升高，然后转为随库水位升高而逐渐降低，直到库水位稳定在 135m 水位很长一段时间，滑坡稳定系数仍持续降低。三峡水库试验蓄水运行时，库水位在 145～175m 之间波动。计算是将初次水库蓄水延至 160 天，水库试验运行时间从第 160 天算起。第 160 天至 220 天，库水位保持 145m 不变；第 220 天至第 240 天，库水位自 145m 快速升至 160m，此间，斜坡稳定系数随水位上升而增大；第 240 天至第 260 天，库水位自 160m 降至 145m，由于短时间的库水陡降，滑坡稳定系数随库水位下降而减小；第 260 天至 300 天，库水位保持 145m 水位不变；第 300 天至 330 天，库水位快速增至 175m，滑坡稳定系数随水位上升而增大；第 330 天至 400 天，库水位保持 175m 水位不变，滑坡稳定系数随库水位下降而减小；第 400 天至 520 天，库水位缓慢降至 145m，滑坡稳定系数随水位下降而减小。

经分析，产生上述现象的原因有：(1) 当库水位快速上升时，开始段时间库水还来不及向坡体内部入渗，于是在坡体表面产生向坡内方向的反压，滑坡稳定系数随之增大。(2) 随着时间的延续，库水逐渐渗入滑坡内，滑坡地下水位增高，地下水浮力增大，原坡体中部分吸力消失，滑坡稳定系数随之降低。(3) 由于地下水位随库水位的上升具有滞后性，在库水位稳定后的一段时间内，滑坡的稳定系数仍会继续降低，这与实际情况也相符合。据统计，绝大部分滑坡失稳的发生并不是在下暴雨过程中，而是在暴雨后的一定时间才发生。(4) 在库水位缓慢下降的过程中，由于坡体中的地下水能够充分排泄，使滑体饱和度降低，基质吸力增大，有利于坡体稳定，从而稳定系数不是随库水位下降而减小，而是随库水位下降而增大，这与以往认为库水位降落滑坡容易失稳的现象有所不同。

从图 4-13 还发现，基于非饱和土强度理论的有限元法计算的稳定系数与用普通有限元法计算得到的稳定系数随库水位的变化趋势基本一致，但前者比后者大。这一方面说明两种方法计算结果基本一致，另一方面说明前者考虑了滑坡地下水位以上滑体部分的吸力作用，吸力的存在有利于滑坡的稳定。

总体而言，在水库水位从 68m 升到 135m 过程中，斜坡稳定性随库水变动呈波动状变化。库水位在 135m 高程稳定后，斜坡稳定系数由于库水位反渗而快速减小；自 135m 陡升至 145m 后，稳定系数快速增长；之后，在库水位正常循环运行过程中，稳定系数随库水位的波动趋势呈相同频率，最终回归初始值。

综上所述，单个斜坡在水库蓄水条件下的变形趋势及规律（以稳定性代替）与第 3 章阐述的水库库岸斜坡变形的区域性规律基本相同。

5 地质灾害活跃性评价研究

5.1 活跃性强度评价指标

水库蓄水对库岸斜坡的影响，包括影响的范围、方式、程度、时限等，一直是个难题。在一定范围内，因水库蓄水造成的对库岸斜坡变形的影响，如区域性群发地质灾害（崩塌、滑坡与泥石流等），其活跃性程度评价更是个难决的命题，也是水坝工程后评价的重要内容。

当前，学术界与工程界对于地质灾害活动强度分析评价的指标尚未达成共识，但 2008 年 5 月 12 日汶川地震中，其引起超级规模与等级的次生地质灾害，如滑坡、崩塌与泥石流等，几乎与地震同时产生并产生了超级危害，然在向公众描述其危害性时，缺失如地震震级、台风暴雨的风级等类似直观、明晰的评价指标。地质灾害活动程度的差异性具有极强的地域性与灾种类型特性，包括历史上累计的叠加活动强度和一次群发地质灾害活动强度，不同地区、不同的诱发条件下都可能存在明显的差异。那么对于不同地区、不同灾种类型的地质灾害活动程度，如何进行横向对比分析，采用何种强度指标，如何评价地质灾害的强度也没有统一的强度指标[5]。

本章特针对水库库岸斜坡变形导致的地质灾害活动，引入地质灾害活跃性强度指数，在对库区地质灾害活跃性强度与面密度比进行分析比较的基础上，拟建立基于地质灾害活跃性强度指数的评价体系。

5.1.1 点密度

所谓地质灾害活动性点密度，即为确定的时空范围内，单位面积发生的灾害频数，通常单位为例/km^2。

5.1.2 面积比

对区域性群发地质灾害事件评价，其描述灾害特征的主要特征量有频次（N）、规模（V）、速度（v），这 3 个特征参数中，至少存在两个不易或难于快速测定的参数，因此需要寻找相关的参数来近似地替代。

一般而言，频次亦为数量，可采用点密度参数代替；规模亦为体积，可以简化为面积，用面密度表示。所谓地质灾害活跃性面（线）密度，即为单位面积内产生一定位移或具有位移趋势的地质灾害体水平投影面积的总和，其单位一般为m^2/km^2。在边界条件相同的状态下，速度快则位移大；在某种评估精度条件下，速度亦可采用位移（滑距）代替。关键参数是面密度，因为频次多和位移大也反映面积大，建议[5,169]在区域群发地质灾害快速分析评估过程中，用地质灾害分布的面密度，特别是最大面密度（极限面密度）表示区域地质灾害活动的强度。点密度可以作为参考指标，如果是小比例尺图，面密度无法测量，或者单体地质灾害规模较小，也可以用最大点密度。

利用群发滑坡最大面密度表示强度指标是可行的，在物理意义上类似于地震震级用地震面波质点运动极值计算，其有利于不同地区群发地质灾害活动强度的对比，也有利于活动强度的分级（根据最大面密度的大小制定强度分级标准）。

随着遥感与 GIS 等空间信息技术的迅速发展，采用高精度遥感解译和 GIS 快速计算区域性地质灾害发生的最大面密度得以实现，其通常在 1∶10000 或以上比例尺的地形图上，对地形变化进行计算与工程地质判断。对于反映代表该区域真实的最大面密度的确定，一般采取以下两种方法[5]：

（1）基于统计学栅格原理，采取固定步长栅格，一般步长为 2km、3km 或 5km 等。在待评估区，以上述固定步长为测量间隔单元，统计任意栅格内发生的地质灾害面积，计算其与栅格面积的比值，亦为面密度，其中最大值亦为最大面密度。据工作实践表明，步长一般 2～3km 较为合适。

（2）以地形地貌分析为基础，针对区域性发生地质灾害相对较大的斜坡段，计算地质灾害面密度，其中最大值为最大面密度。该方法具有的地质地貌依据，工程意义较明确。

5.1.3 地形改变率

斜坡岩土体的变形或破坏，一般伴随着一定位移，可导致周围相关地表地形的改变，其一为因地质灾害体自身的位移而导致自身形态的改变，其二为因地质灾害体位移而覆盖或牵引周围岩土体的位移而造成其地形改变。

所谓地质灾害活跃性地形改变率，即为单位面积内斜坡变形或变形趋势而造成的地形改变的水平投影面积的总和。

5.1.4 活跃性强度指数

区域群发地质灾害活跃强度的指标因子主要包括数量、频率、体积、点密度、面密度、速度、距离等。这里采用地质灾害活跃性强度指数（geohazard activity intensity index，GHI），即为地质灾害爆发的强弱程度，其与地质灾害体发生的空间频率、时间频次及能量大小等有关。从物理含义上分析，区域群发地质灾害活跃强度主要包括活动的频率（数量）、规模和运动速度，严格意义上是单位面积的活动频率、规模和速度的乘积。即：

I（强度）$=f$（频次）$\times m$（质量）$\times v$（速度）$/s$（面积）

根据三峡库区滑坡、崩塌等地质灾害活动的特征，拟定地质灾害活跃强度为单位时间、单位面积、单次灾害活动所活动的体积，其单位为 m^3/次/(年 km^2)，其计算区域为相应蓄水高程的回水线与第一道分水岭之间的区域。

5.2 趋势预测方法

5.2.1 灰色-马尔可夫链法

马尔可夫（Markov）过程，其本质是描述事件状态及状态相互间的转移规律的随机过程，对于时间和状态均为离散态的马尔可夫过程亦称为马尔可夫链，或简称马氏链。在地质灾害频数或规模研究应用中，较常用的模型有 GM（1,1）或修正 GM（1,1）模型，其可反映研究对象总体的变化趋势，但模型预测值与实际值的残差呈随机性分布，且随时间延续而发生整体特征变化，残差状态灰性特征明显，为描述残差，一般采用其改进的灰色-马尔可夫链模型。采用灰色-马尔可夫链模型进行地质灾害预测时的主要步骤为[170—171]：

步骤1：GM（1,1）或修正GM（1,1）模型的建立。

收集预测区域一定时段地质灾害发生的频数，建立GM（1,1）或修正GM（1,1）模型。

设 $x^{(0)}$，$x^{(0)}(2)$，…，$x^{(0)}(n)$为原始序列，GM（1,1）模型的时间响应序列为：

$$\hat{x}^{(1)}(k+1)=\left\{x^{(0)}(1)-\frac{b}{a}\right\}e^{-ak}+\frac{b}{a},\ k=1,2,\cdots,n \tag{5-1}$$

还原值为：

$$\hat{x}^{(0)}(k+1)=(1-e^{a})\left\{x^{(0)}(1)\ -\frac{b}{a}\right\}e^{-ak},\ k=1,2,\cdots,n \tag{5-2}$$

以上建立的为GM（1,1）模型。若欲提高拟合精度，可考虑建立修正GM（1,1）模型。设 $\varepsilon^{(0)}(1)$，$\varepsilon^{(0)}(2)$，$\cdots\varepsilon^{(0)}(n)$ 为残差序列，其中 $\varepsilon(k)=x^{(0)}(k)-\hat{x}^{(0)}(k)$若存在满足：

①$\forall k\geqslant k_0$，$\varepsilon^{(0)}(k)$ 的符号一致；

②当 $n-k_0\geqslant 4$ 时，称$|\varepsilon^0(k_0)|$，$|\varepsilon^0(k_0+1)|$，…，$|\varepsilon^0(n)|$为残差尾段，记为 $\varepsilon^{(0)}(k_0)$，$\varepsilon^{(0)}(k_0+1)$，…，$\varepsilon^{(0)}(n)$。则残差GM（1,1）模型的时间响应差为：

$$\hat{x}^{(1)}(k+1)=\begin{cases}\left\{x^{(0)}(1)\ -\dfrac{b}{a}\right\}e^{-ak}+\dfrac{b}{a},\ k<k_0\\ \left\{x^{(0)}(1)\ -\dfrac{b}{a}\right\}e^{-ak}+\dfrac{b}{a}\pm a_{\varepsilon}\left(\varepsilon^{0}(k_0)\ -\dfrac{b_{\varepsilon}}{a_{\varepsilon}}\right\}e^{-a_{\varepsilon}(k-k_0)},\ k\geqslant k_0\end{cases} \tag{5-3}$$

其中±取定符号与 $\varepsilon^{(0)}(k)$ 一致。

步骤2：对残差进行分类，利用灰色状态马尔可夫模型计算转移概率。

设 $e^{(0)}(k)$ 经GM（1,1）或修正GM（1,1）模型的预测值与实际值的修正，若将其划分为 n 个状态，任一状态$\otimes_i$表达为：

$$\otimes_i=[\widetilde{\otimes}_{1i},\ \widetilde{\otimes}_{2i}] \tag{5-4}$$

$\widetilde{\otimes}_i\in\otimes_i$，由于 $e^{(0)}(k)$ 是时间 k 的函数，因此灰元$\widetilde{\otimes}_{1i}$、$\widetilde{\otimes}_{2i}$也随时间变化。

根据文献转移概率确定方法，若 $M_{ij}(m)$ 为由状态$\otimes_i$ 经过m 步转移到状态$\otimes_j$ 的原始数据样本数，M_i 为处于状态$\otimes_i$ 的原始数据样本数，则称 $P_{ij}(m)=\dfrac{M_{ij}(m)}{M_i}$，$i=1,2,\cdots n$ 为状态转移概率。

若考察一步转移，设一步转移概率矩阵为 P，预测对象处于$\otimes_k$ 状态，则考察 P 中第k 行，若$\max\limits_j P_{ij}=P_{kl}$，则认为下一时刻系统最有可能由$\otimes_k$ 状态转向$\otimes_l$ 状态。若矩阵 P 中的第k 行有 2 个或 2 个以上概率相同或相近时，则状态的未来转向难确定，此时要考察 2 步或 2 步转移概率矩阵 $P^{(2)}$ 或 $P^{(n)}$，其中，$n\geqslant 3$。

步骤 3：对 GM（1,1）或修正 GM（1,1）模型进行残差修正得到最终预测模型。

经过上述过程，以灰色状态马尔可夫链作为残差拟合的预测模型为：

$$\hat{y}(k+1)=\hat{x}(k+1)+\otimes(k) \tag{5-5}$$

但在实际预测中，可根据情况需要取白化数，其中取中位数是常用方法。

5.2.2 灰色-周期延长法

数据序列既有总体变化趋势又呈周期性波动，若单一运用灰色系统模型，其对周期波动特点的反映较差；若单一运用周期外延模型，其又不能反映数据系列总体变化趋势。据研究，上述两者结合形成的灰色-周期外延组合模型，可较好地解决此问题。因模型 GM（1,1）或残差 GM（1,1）可较好描述数据序列总体趋势，所以，灰色-周期外延组合模型的建模第一步是建立数据序列的灰色模型，其次以模型的残差为序列建立周期外延模型，作为第一步灰色模型残差补偿。

设 $\{x^{(0)}(k)\}$ 表示地质灾害发生的总频数的原始数据序列，则灰色-周期外延组合模型的建模具体步骤如下[172]：

步骤 1：建立序列的 GM（1,1）模型或残差 GM（1,1）模型

步骤 2：求残差序列 $x'(k)$：

$$x'(k)=x^{(0)}(k)-\hat{x}^{(0)}(k) \tag{5-6}$$

步骤 3：建立残差序列 $x'(k)$ 的周期外延模型。过程为：

（1）计算序列 $x'(k)$ 的均值生成函数，计算公式为

$$\bar{x}_m(l)=\frac{\sum\limits_{j=0}^{n_m-1}x'(l+jm)}{n_m},l=1,2,\cdots m;1\leqslant m\leqslant M \tag{5-7}$$

其中，n_m 为 n 样本序列长度，$n_m=\left[\frac{n}{m}\right]$为小于$\frac{n}{m}$的最大整数，$M=\left[\frac{n}{2}\right]$为小于$\frac{n}{2}$的最大整数。可得均值生成函数矩阵为：

$$\begin{bmatrix} \bar{x}_1(1) & \bar{x}_2(1) & \bar{x}_3(1) & \cdots & \bar{x}_M(1) \\ & \bar{x}_2(2) & \bar{x}_3(2) & \cdots & \bar{x}_M(2) \\ & & \bar{x}_3(3) & \cdots & \bar{x}_M(3) \\ & & & \ddots & \cdots \\ & & & & \bar{x}_M(M) \end{bmatrix} \tag{5-8}$$

对均值生成函数做周期性延拓，即令

$f_m(k)=x_m(k)$，$k=q\ [\mathrm{mod}(m)]$，$k=1,2,\cdots,n$

其中，mod 表示同余，$f_m(k)$ 称作均值生成函数的延拓函数。

（2）提取优势周期方法如下：

欲确定长度为 m 的优势周期，只需取

$$\frac{S(m)}{m}=\max\frac{S(m)}{m},\ 2\leqslant m\leqslant M$$

（3）序列减去周期所对应的延拓函数构成新序列，即：

$$x^n(k)=x'(k)-f_m(k) \tag{5-9}$$

再对新序列重复（2）、（3），可以进一步提取其他优势周期。

（4）叠加。将不同周期同一时刻取值的叠加值记为 $f(k)=\sum_{l=1}^{m}f_l(k)$，这就是周期叠加外推法建立的周期外延模型，可将 $x(k)$ 近似取为 $f(k)$。

步骤 3 将 $\hat{x}(k)$ 与 $f(k)$ 组合作为序列 $x^{(0)}(k)$ 的拟合，

$$x(k)=\hat{x}(k)+f(k) \tag{5-10}$$

即得灰色-周期外延组合模型。

5.2.3 频谱分析法

从图 3-41、图 5-1 及图 5-2 分析可知，对于河道型水库因蓄水造成的岸坡变形或破坏，是在一些具有明显周期性变动因素作用下形成的历史过程，其周期性变动因素主要为周期性蓄水、降雨及岩土体物理力学性质变化等，其由大量谐成分与随机成分合成，并呈周期波动特征。频谱分析法能对历史过程中隐含的周期成分进行分离和提取，并利用其进行历史过程的中长期预报[173-175]，该分析方法主要步骤如下：

1. 原始数据序列的异常值检验

本书采用格拉布斯（Grubbs）准则对数据系列进行处理，若原始系列中某测量值 x_i 对应的残差 V_i 满足式 $|V_i|=|x_i-x|>g(n,a)\times\sigma(X)$，则该测量值为

异常，在构建新的系列分析数据组时应删去。上式中 $\sigma(X)$ 为原始数据系列标准差，$g(n, a)$ 是测量次数 n 和显著性水平 a（取 0.01 或 0.05）的函数。

2. 预测模型的建立

对于呈周期震荡衰退趋势的数据序列，其预测方程的函数表达式分为两部分，一部分为幅度衰退，一部分为周期震荡。故模型预测方程的函数表达式分为两部分：一部分为幅度衰退，设为 $A(t)$；一部分为周期震荡 $S(t)$。则预测模型表达式可以表示为：

$$\mathrm{Pre}(t)=A(t)\times S(t) \tag{5-11}$$

(1) 幅度表达式 $A(t)$ 求解

幅度衰减的表达式可以表示为：$A(t)=e^{at+b}$，式中 $A(t)$ 表示幅度值，t 表示年份，a、b 为待定常数。对上式两边取自然对数，可以得到表达式：

$$\ln A(t)=at+b \tag{5-12}$$

上述过程将 $\ln A(t)$ 与 t 转化为线性关系，用实际数据 $y(t)$ 代替 $A(t)$，采用泰勒展开，然后用最小二乘得到对应阶的系数，从而进行拟合。实际计算过程中，采用 MATLAB 中的拟合函数 polyfit 对 $y(t)$ 和 t 进行一次拟合，即 polyfit [$y(t)$, t, 1]，可得拟合后的参数 a 和 b。

(2) 周期表达式 $S(t)$ 求解

鉴于数据图像的周期性分布特征，在其作傅立叶型变换展开后，周期函数可以表示为多个频率正弦或余弦函数的叠加，所以，工作关键是要对周期表达式 $S(t)$ 进行 FFT 变换求解其频域形式，提取其频域特征谱线，进行 FFT 变换求解其时域形式。

周期震荡可以表示为：

$$S(t)=\sum_{i=1}^{k}a_i/N\times\cos(2\pi f_i t+\varphi_i) \tag{5-13}$$

$S(t)$ 可由其观测值 $\hat{S}(t)=e^{\log[y(t)]+at+b}$ 采样后，进行 FFT 变换求解其频域形式，提取其频域特征谱线，进行 FFT 变换得。FFT 是对离散傅里叶变换算法的改进，可降低相关运算量，这是本书采用 FFT 算法的原因之一。设采样频率为 F_s，采样点数为 N，则 FFT 之后的第 n 个点对应的时域信号表达式为：

$$x(t)=a/N\times\cos(2\pi f+\varphi) \tag{5-14}$$

其中 a 表示该点的幅度，φ 表示该点的相位，$f=(n-1)\times F_s/N$ 表示该点的频率。

3. 预测模型表达式求解

由上所述，预测表达式 $\mathrm{Pre}(t)$ 可以表示为：

$$\mathrm{Pre}(t) = A(t) \times S(t) = \mathrm{e}^{at+b} \times \sum_{i=1}^{k} a_i \cos(2\pi o_i t + \varphi_i) \tag{5-15}$$

上述三种方法对于区域性群发地质灾害频数预测有较好的结果，但经对比分析，频谱分析法较前述两类方法有较高的预测精度，且计算方法简单易行，故本书采用频谱分析法。

5.3 趋势预测模型

在第三章岸坡变形规律研究分析的基础上，对水库蓄水引发斜坡变形频数与时间年度关系及水库蓄水引发斜坡变形体积与时间年度关系进行了研究，其时间-频数及时间-体积曲线分别见图 5-1、图 5-2。

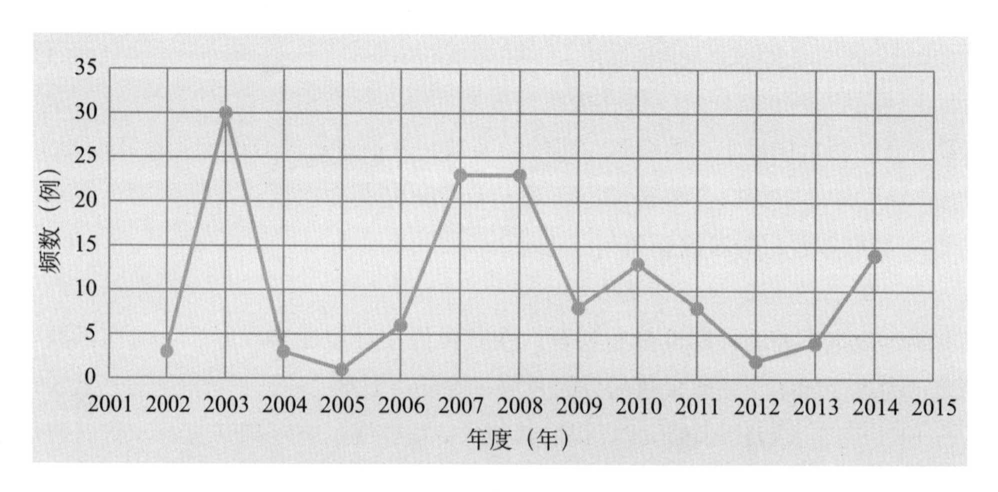

图 5-1 研究区水库蓄水地质灾害频数时变曲线

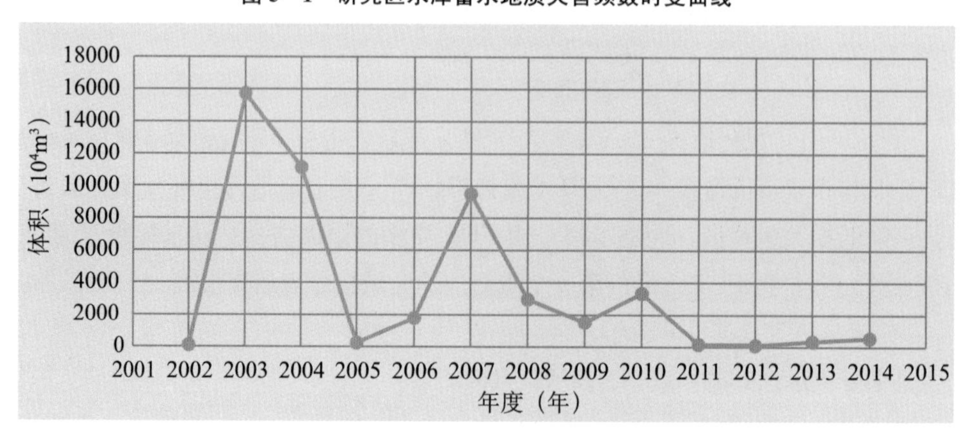

图 5-2 研究区水库蓄水地质灾害规模时变曲线

从图中分析可知，上述两曲线总体均呈周期性衰减曲线，尤其是时间-变形体积曲线更为典型。

为评价水库蓄水对水库岸坡影响的时限与程度，拟从水库蓄水后地质灾害活跃性峰值及水库蓄水后斜坡变形体积与时间年度关系两方面进行趋势预测研究。

1. 活跃性峰值的非线性预测

从图 5 - 2 分析可知，2003 年、2007 年、2010 年、2013 年为相应阶段性蓄水斜坡变形体积的极大值年份，为研究蓄水引发斜坡变形极端不利的情况，其斜坡灾害体积阶段极大值的拟合分析见图 5 - 3。

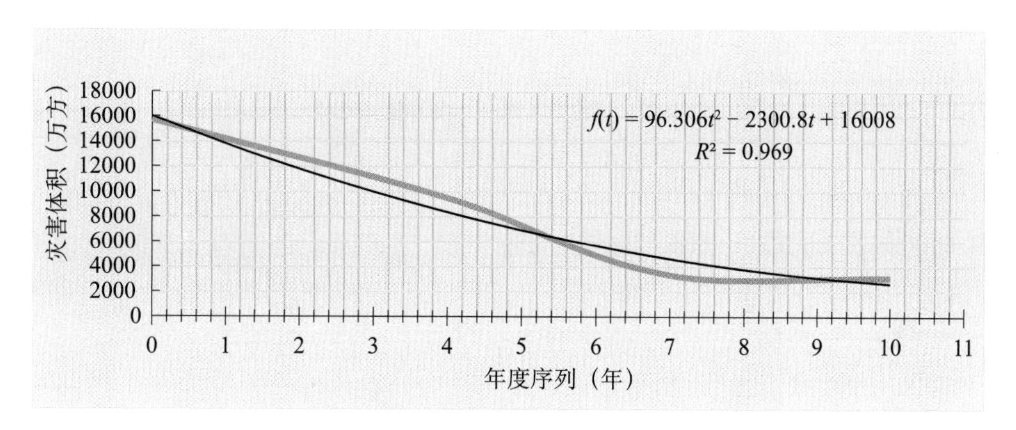

图 5 - 3　水库蓄水引发斜坡变形体积与年度时间曲线特征点（阶段极大值）拟合曲线

（说明：水平轴起始点 0 为 2003 年）

如图 5 - 3，灾害体积极大值-时间拟合关系为

$$f(t)=93.306t^2-2300.08t+16008 \qquad (5-16)$$

其相关性为 $R^2=0.9698$，可见拟合公式与实际有着较高的相关性。

为求得极值年份，对 $f(t)$ 求导，

得 $f'(t)=2\times93.306t-2300.08$

令 $f'(t)=2\times93.306t-2300.08=0$，

得 $t=12.3293$，$T=t+2003=2015.33$（年）

上述计算结果表明，虽然没有新的蓄水阶段到来，但在 2015 年下半年至 2016 年期间，水库岸坡变形达到下一阶段性峰值后，2016 年后，水库蓄水对库岸的影响处于一个相对稳定态。

2. 基于频谱分析法的时变预测

根据本书 5.2.3 节阐述，对水库蓄水引发斜坡变形体积与年度时间曲线进行预测如下：

（1）数据序列的异常值检验

为了更好地进行数据预测，需要对数据进行预处理，剔除异常值。由于原始数据的样本点较少，可以采用Grubbs检验法，检验结果如表5-1所示：

表5-1 Grubbs检验结果

体积	15716.41	11142	223.44	1786.5	9477.86	2954.78
检验值	2.2571	1.3635	−0.7695	−0.4641	1.0384	−0.2359
体积	1520	3307.01	149.64	36.01	3083.5	531.1
检验值	−0.5162	−0.1632	−0.7839	−0.8061	−0.2108	−0.7094

表5-2 格拉布斯表——临界值GP(n)

N \ P	0.95	0.99	N \ P	0.95	0.99	N \ P	0.95	0.99
3	1.153	1.155	24	2.644	2.987	45	2.914	3.292
4	1.463	1.492	25	2.663	3.009	46	2.923	3.302
5	1.672	1.749	26	2.681	3.029	47	2.931	3.310
6	1.822	1.944	27	2.698	3.049	48	2.940	3.319
7	1.938	2.097	28	2.714	3.068	49	2.948	3.329
8	2.032	2.22	29	2.730	3.085	50	2.956	3.336
9	2.110	2.323	30	2.745	3.103	51	2.943	3.345
10	2.176	2.410	31	2.759	3.119	52	2.971	3.353
11	2.234	2.485	32	2.773	3.135	53	2.978	3.361
12	2.285	2.550	33	2.786	3.150	54	2.986	3.388
13	2.331	2.607	34	2.799	3.164	55	2.992	3.376
14	2.371	2.659	35	2.811	3.178	56	3.000	3.383
15	2.409	2.705	36	2.823	3.191	57	3.006	3.391
16	2.443	2.747	37	2.835	3.204	58	3.013	3.397
17	2.475	2.785	38	2.846	3.216	59	3.019	3.405
18	2.501	2.821	39	2.857	3.228	60	3.025	3.411
19	2.532	2.954	40	2.866	3.240			
20	2.557	2.884	41	2.877	3.251			

续表

P / N	0.95	0.99	P / N	0.95	0.99	P / N	0.95	0.99
21	2.580	2.912	42	2.887	3.261			
22	2.603	2.939	43	2.896	3.271			
23	2.624	2.963	44	2.905	3.282			

查表5-2可得，在置信概率为0.95时，临界检验值为2.285。检验值均小于2.285，即原始数据均为有效数据，不存在异常值。

(2) 模型求解

①由于数据大致呈周期震荡衰退趋势，为了便于分析，可以将预测方程的函数表达式分为两部分：一部分看做幅度衰退，一部分看做周期震荡。幅度衰退的表达式可以表示为：

$$A(t)=e^{at+b} \tag{5-17}$$

(5-17) 式中 $A(t)$ 表示幅度值，t 表示年份。对上式两边取自然对数，可得到表达式：

$$\ln A(t)=at+b \tag{5-18}$$

(5-18) 式将 $\ln A(t)$ 与 t 转化为线性关系，用实际数据 $y(t)$ 代替 $A(t)$，通过MATLAB中的拟合函数polyfit对 $y(t)$ 和 t 进行一次拟合，即polyfit $[y(t), t, 1]$，可得拟合后的参数：$a=-0.27$，$b=8.8$。则 (5-17) 式可以写为：

$$A(t)=e^{8.8-0.27t} \tag{5-19}$$

周期震荡可以表示为：

$$S(t)=\sum_{i=1}^{k}a_i/N\times\cos(2\pi f_i t+\varphi_i) \tag{5-20}$$

$S(t)$ 可由其观测值 $\hat{S}(t)=e^{\log[y(t)]+0.27\times t-8.8}$ 采样后，进行FFT变换求解其频域形式，提取其频域特征谱线，进行FFT变换得。设采样频率为 F_s，采样点数为 N，则FFT之后的第 n 个点对应的时域信号表达式为：

$$x(t)=a/N\times\cos(2\pi f+\varphi) \tag{5-21}$$

其中 a 表示该点的幅度，φ 表示该点的相位，$f=(n-1)\times F_s/N$ 表示该点的频率。

(5-20) 式就是所提取的 k 条谱线对应的时域信号表达式的和，式中参量的物理意义同 (5-21) 式。由上所述，预测表达式Pre (t) 可以表示为：

$$\text{Pre}(t) = A(t) \times S(t) = e^{8.8-0.27t} \times \sum_{i=1}^{k} a_i \cos(2\pi f_i t + \varphi_i) \tag{5-22}$$

②求解周期震荡表达式。由于 $\hat{S}$（t）仅有 12 个样本点，数据较少，使用三次样条插值法间隔 0.1 进行插值，共 111 个点，即采样频率 $F_s=10\text{Hz}$，采样点数 $N=111$。插值后的样本点集合为 *spl _ pha*，接下来对 *spl _ pha* 进行 FFT 变换，FFT 变换后的结果如图 5－4 所示：

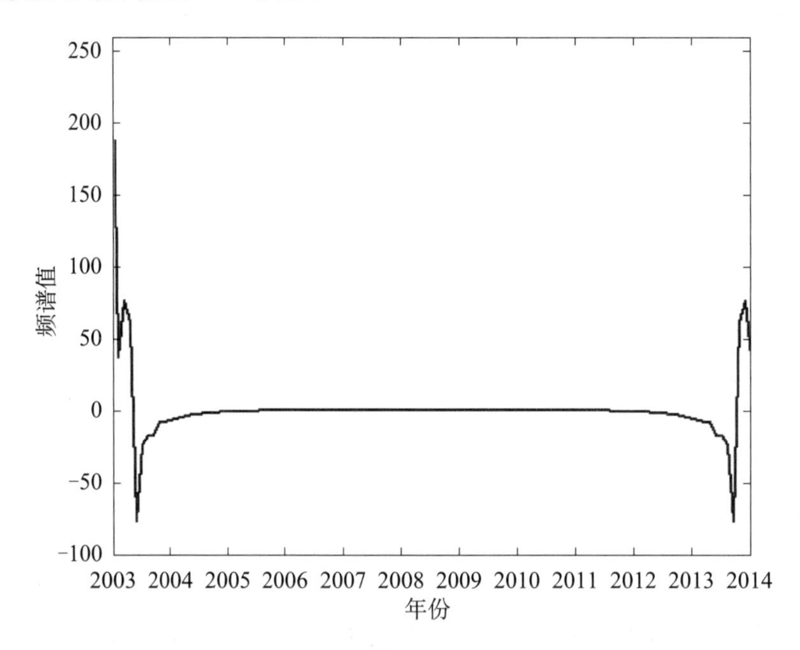

图 5－4　插值之后的频域谱线

通过对谱线观察，取频谱值达到 30 以上的谱线作为特征谱线。将相应的谱线代入（5－20）式中，可得：

$$S(t) = 2.2005 + 0.7258\cos(0.1802\pi t + 0.4113) + 1.7896\cos(0.3604\pi t + 0.6886) + 1.411\cos(0.5406\pi t + 0.6708) + 1.4682\cos(0.7208\pi t + 2.8036) \tag{5-23}$$

故长江三峡水库蓄水对库岸斜坡的影响而产生地质灾害（规模）预测表达式为：

$$\text{Pre}(t) = A(t) \times S(t) = e^{8.8-0.27t} \times [2.2005 + 0.7258\cos(0.1802\pi t + 0.4113) + 1.7896\cos(0.3604\pi t + 0.6886) + 1.411\cos(0.5406\pi t + 0.6708) + 1.4682\cos(0.7208\pi t + 2.8036)]$$

据此，利用上式，对研究区 2015—2030 年的地质灾害进行了预测，如图 5－5 所示。

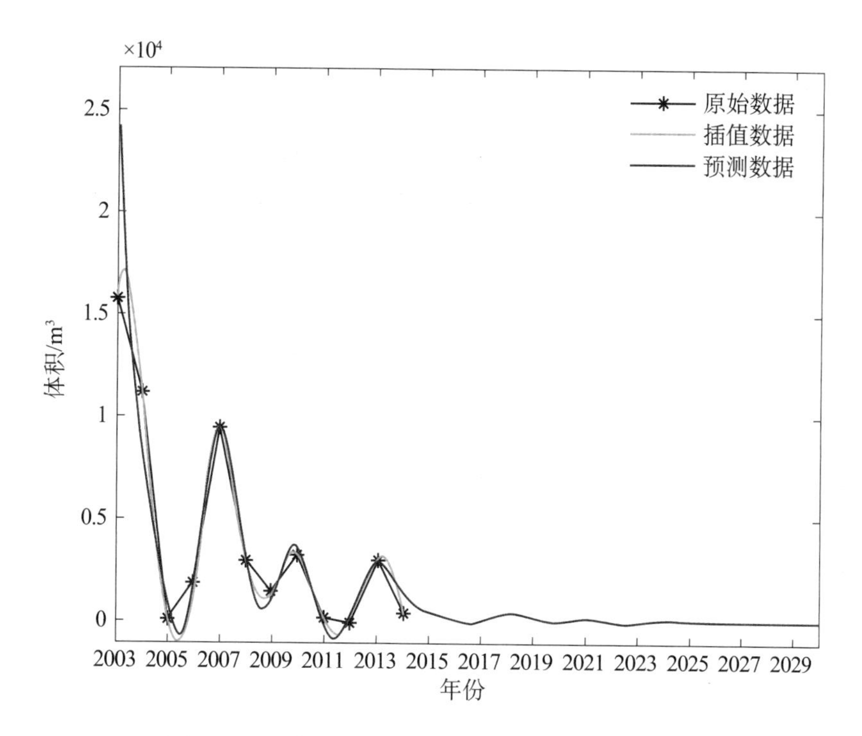

图 5－5 研究区斜坡变形规模预测（2015—2030 年）

（3）预测分析

经误差分析可知，除 2005 年和 2014 年的预测误差偏大外，其余年份的预测误差都比较小，平均误差达到－1.79％，表明整体预测水平是可以接受的。

根据上述预测方法，可以预测 2015 年至 2030 年的数据，如表 5－3 所示。

表 5－3 水库蓄水引发斜坡变形体积与年度时间预测成果

年份	2015	2016	2017	2018	2019	2020	2021	2022
体积	497	143	10	429	248	36	183	30
年份	2023	2024	2025	2026	2027	2028	2029	2030
体积	14	133	93	27	9	1	20	15

5.4 预测结果分析

从图 5－5 分析可知，研究区水库库岸斜坡自三峡水库于 2003 年 6 月 135m 蓄水开始，因蓄水造成的斜坡变形规模（体积）与频次急剧增加，从蓄水前的约

$86.58\times10^4m^3$/年剧增至 $15716.41\times10^4m^3$/年，本蓄水阶段首个蓄水年的峰值约为蓄水前本底值的180倍，蓄水的2003年亦达最大值，随后两年因库水稳定在135～139m波动，斜坡变形或破坏规模（体积）亦呈减小趋势，为 $223.44\times10^4m^3$/年，为蓄水前本底值的2.5倍左右；之后随着水库又升至156m高程蓄水，斜坡变形体积又急剧增加，本蓄水阶段的首个蓄水年的峰值为 $9477.86\times10^4m^3$/年，约为蓄水前本底值的109倍，但其峰值小于第一阶段首个蓄水年的峰值，约为其60%；其后的175m试验性蓄水与175m蓄水，其本蓄水阶段的首个蓄水年的峰值为 $3327.01\times10^4m^3$/年，约为蓄水前本底值的35倍，但其峰值小于第一阶段首个蓄水年的峰值，约为其35%。其后各蓄水阶段均呈现斜坡变形体积随蓄水位升高而急剧增加，但其峰值小于上阶段的首个蓄水年的峰值趋势，通过对各阶段峰值的时间序列分析，其峰值呈指数形式衰减，阶段性峰值出现的周期约为3年。

因三峡水库此前均为试验性蓄水方案，水位未真正达175m，而是每年在上阶段的基础上略微增高，故后面若干阶段蓄水位均比上阶段蓄水位要略高，最终至175m正常蓄水位。在175m正常蓄水后，经过对阶段性峰值的拟合，2015年下半年至2016年期间，水库岸坡变形达到下一阶段性峰值后，约在2017年，水库蓄水对库岸的影响处于一个相对稳定态，并基本达到且略高于蓄前的活跃性水准。

总体而言，河道型水库蓄水对水库库岸斜坡变形的影响是个动态、非线性过程，在首次蓄水年份出现活跃性峰值后，其总体的时变趋势随时间序列呈震荡衰退的函数形式，其震幅呈指数函数形式衰退，衰退的特征周期近似为3年。初步预测在首次蓄水后约15年（2017年），地质灾害活跃性水准恢复到并略高于蓄水前水准。

5.5 评价等级分类体系

5.5.1 聚类分析原理

人以类聚，物以群分。人类对自然或社会的认知过程，亦是对事物特征属性分类的研究历程。聚类分析又称集群分析，是按照某一分类特征将数据系列进行分类（组），以使得同类（组）数据系列的“差异”尽可能小、类（组）之间的

"差异"尽可能大为分类目的。

常用聚类分析方法有三种，第一种是层次聚类法（Hierarchical），第二种是重新定位聚类法（Relocation，亦称非层次聚类法），第三种为智能聚类法。下面简要介绍这三种聚类法[176]：

1. 层次聚类法

层次聚类就是通过对数据系列集按照特定的标准进行逐层次分解，直至分解层次或组满足某个条件，常分为凝聚、分裂两方案。凝聚层次聚类先将系列中的单个元数据作为一个簇，合并这些原子簇直至所有元数据均在一个簇中为止，抑或某个终结条件出现或被满足。分裂层次聚类是将系列数据置于同一个簇中，逐步细分直至每个元数据自成一簇，抑或某个终止条件出现或被满足。

2. 非层次聚类法

非层次聚类方法（重新定位聚类）是将数据系列快速分成K个类别，类别个数通常是预先确定的，分类过程亦是多次迭代过程。在初始假定分类后，通过多次迭代，系列中的元数据类别之间移动直至形成一定的标准终止，分析、计算过程中没有基本数据存储或距离矩阵，因此不会出现嵌套层次，K-均值聚类法（K-means Clustering）为此法中最具代表性的算法。

3. 智能聚类法

近年来，随着数据仓库和数据挖掘技术的渐趋成熟，对于大数据聚类分析已成为亟待解决的问题，上述传统方法不能满足当前需求。第一，大数据容量与信息的庞杂导致计算量几何级的增长，传统方法难以或快速实现；第二，上述传统方法中采用的距离指标不能满足海量、复杂的数据分析需要，尤其是连续性并耦合离散性数据重叠、混合出现；第三，传统方法要求分析用户预定抑或计算出解决方案后再人工判定类别数，其不符合数据挖掘计算分析的实际。

在聚类分析中，有一个重要概念——距离，其定义为：在聚类分析中最重要的问题就是如何描述"差异"，通常的做法是通过距离或者相似性的方式来描述。在聚类别分析中往往会使用欧几里得距离的平方来度量距离，大多数聚类过程都默认采用这样的距离度量，对于任两个样品 i 和 k 可定义欧氏距离为：

$$D_{ik}=\sqrt{(X_{i1}-X_{k1})^2+(X_{i2}-X_{k2})^2+\cdots+(X_{in}-X_{kn})^2} \tag{5-24}$$

其中，X_{ij} 和 X_{kj} 分别为第 i 个样品的第 j 个变量和第 k 个样品的第 j 个变量值。

为消除各指标量纲不同的影响，在求样品间距前常把指标标准化，即把每一个观察值转换为标准值：

$$X'_{ij} = (X_{ij} - \bar{X}_j)/S_j \quad (5-25)$$

5.5.2 等级分类体系

当前，地质灾害分级是根据灾害体和受灾体的主要特征指标划分级次，以此反映灾害程度，其分级分两类：灾变与灾度分级。其中灾变是对地质灾害活动程度（指灾害活动强度或规模、活动频次）的描述，而灾度是对地质灾害造成的损失（人口、财产等）的描述。目前，国内外的工程界与学术界对地质灾害分级没有统一的标准。通常，按灾害活动规模将地质灾害体（灾变）划分为特大型、大型、中型与小型等四个级别。根据灾害活动造成的破坏损失程度（如灾害事件造成的死亡人数和经济损失额），马宗晋先生将自然灾害分为巨灾、大灾、中灾、小灾与微灾等五个灾度等级。

依上所述，当前对地质灾害等级划分，一方面是灾前风险性划分，另一方面是灾后灾情评估。据研究，一般而言，灾情空间分布与危险性空间分布基本一致，但是对于水库蓄水导致的库岸斜坡变形而形成的地质灾害，尤其是诱发新生的相关灾害，其在灾前没有明显的地质表征，受外界环境的影响呈非必然产生，尤其是时间与空间的范围，更具偶然性；同时，对于水库蓄水相关的斜坡变形灾害，当前通常采用死亡人数与直接经济损失来进行灾后评价，而对于其活动程度缺乏精准的描述参数与评价体系。

当前通常采用的地质灾害评估体系有以下几种：

1. 地质灾害气象等级

根据《地质灾害防治条例》（国务院第 394 号令）、《气象灾害防御条例》（国务院第 570 号令）和《关于调整地质灾害气象预报预警业务的函》（气减函〔2013〕39 号），地质灾害气象风险预警等级由弱到强依次分为四级（有一定风险）、三级（风险较高）、二级（风险高）和一级（风险很高）。

2. 地质灾害成灾等级

根据《地质灾害分类分级》（试行）（DZ 0238—2004）（中华人民共和国国土资源部），地质灾害分类采用三级分类体系，即按灾类、灾型、灾种三级层次。

表 5 - 4 地质灾害成灾等级划分

级别			特大型	大型	中型	小型
灾种及规模	崩塌（危岩）	体积（$10^4 m^3$）	>100	100～10	10～1	<1
	滑坡	体积（$10^4 m^3$）	>1000	1000～100	100～10	<10
	泥石流	堆积物体积（$10^4 m^3$）	>100	100～10	10～1	<1
	地面塌陷	影响范围（km^2）	>20	20～10	10～1	<1
	地裂缝	影响范围（km^2）	>10	10～5	5～1	<1
灾情分级	死亡或失踪人数	（人）	>100	100～10	10～1	0
	直接经济损失	（万元）	>1000	1000～500	500～50	<50
险情分级	受威胁人数	（人）	≥1000	500～1000	100～500	<100
	可能造成的直接经济损失	（万元）	≥10000	5000～10000	500～5000	<500

3. 区域地质灾害活动强度指数分级

2009 年，吴树仁[5]对地质灾害风险评估进行了研究，初步提出了基于区域地质灾害活动强度指数的分级体系，见表 5 - 5。

表 5 - 5 区域地质灾害活动强度指数分级

活动指数级别	强度分级定性描述	一次灾变最大面密度（%）	历史累计最大面密度（%）	参考点密度（个/km^2）
1	较弱活动	≤1	≤5	≤0.1
2	明显活动	1～5	5～10	0.1～1
3	较强活动	5～10	10～20	1～5
4	强烈活动	10～20	20～30	5～10
5	强烈活动	20～30	30～40	5～10
6	极强活动	30～50	40～60	>10
7	极端强烈活动	50～70	60～85	
8	极端强烈活动	>70	>85	

4. 基于活跃性强度指数的综合分级

根据本书第 4 章、第 5 章，研究区地质灾害活跃性各项评估指标计算见表 5－6。

表 5－6　研究区地质灾害活跃性各项评估指标计算表

计算项目 年度（年）	灾害频次（例）	面积（$10^4 m^2$）	体积（$10^4 m^3$）	地形改变率（%）	点密度（例/km^2）	活跃性强度指数[m^3/次/（年 km^2）]
本底值（2002）	3	12.75	86.58	0.024	0.0057	545.39
2003	30	627.09	15716.41	1.26	0.0603	10537.99
2004	3	229.2	11142	0.46	0.0060	74708.08
2005	1	31.9	223.44	0.06	0.0020	4494.55
2006	6	115.7	1786.5	0.24	0.0123	6103.69
2007	23	348.9	9477.86	0.72	0.0471	8447.40
2008	23	172	2954.78	0.37	0.0489	2733.38
2009	8	95.11	1520	0.20	0.0170	4042.55
2010	13	197.18	3327.01	0.42	0.0277	5445.19
2011	8	31.32	149.64	0.07	0.0170	397.98
2012	2	3.61	90.025	0.01	0.0043	957.71
2013	4	72.12	333.5	0.15	0.0085	1774.00
2014	14	26.59	531.1	0.06	0.0298	807.14

研究区水库蓄水地质灾害点密度时变曲线、地形改变率时变曲线及活跃性强度指数时变曲线分别见图 5－6、图 5－7 及图 5－8。

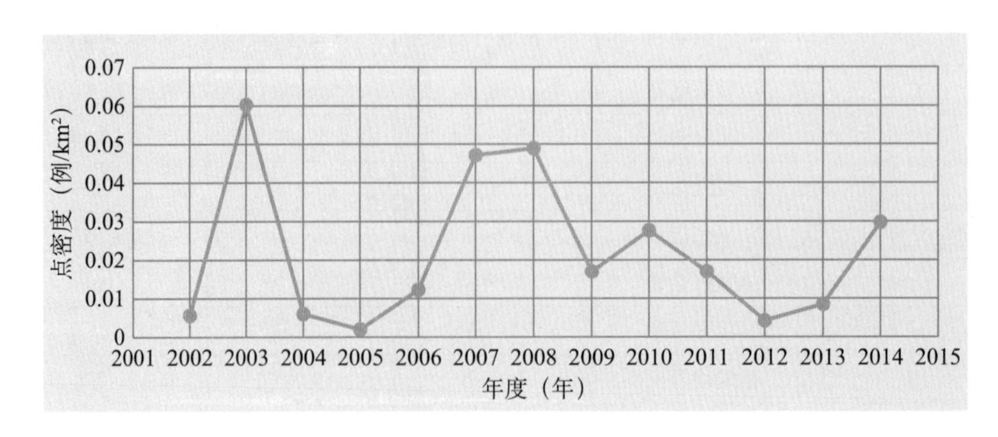

图 5－6　研究区水库蓄水地质灾害点密度时变曲线

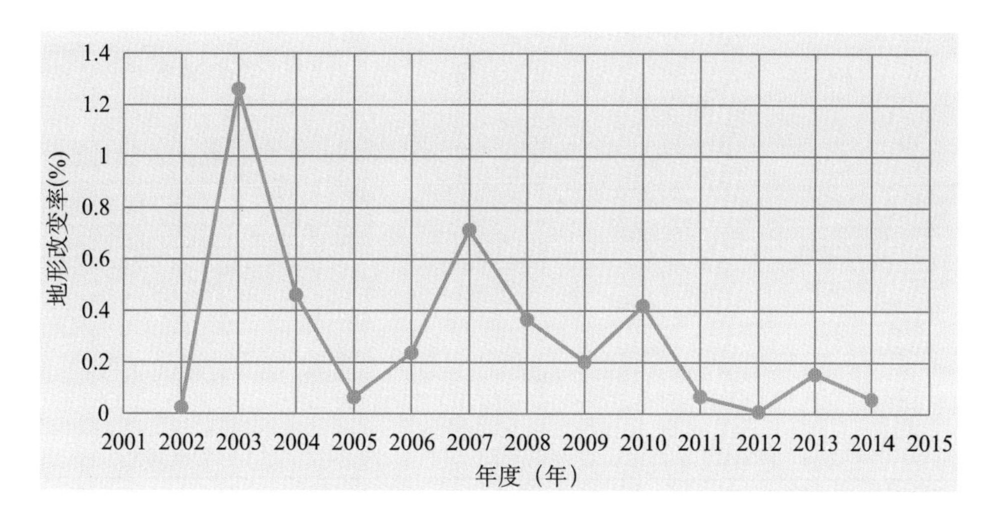

图5-7　研究区水库蓄水地质灾害引发的地形改变率时变曲线

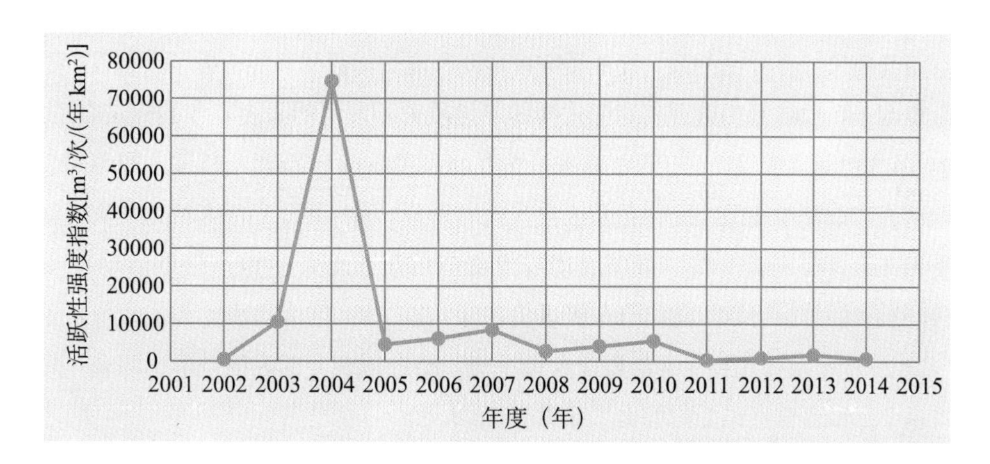

图5-8　研究区水库蓄水地质灾害活跃性强度指数时变曲线

对表5-7中的相对量指标，即地形改变率（%）、点密度及活跃性强度指数三个指标进行聚类分析，方法采用K-均值聚类法，其主要计算结果如下：

表5-7　研究区地质活跃性强度指数聚类分析成果表

案例号	聚类群别	距离
本底值（2002）	a	657.210
2003	b	1045.295
2004	c	0.000
2005	d	526.945

续表

案例号	聚类群别	距离
2006	d	1082.195
2007	b	1045.295
2008	a	1530.780
2009	d	978.945
2010	d	423.695
2011	a	804.620
2012	a	244.890
2013	a	571.400
2014	a	395.460

对比图 5-6～图 5-8，并结合表 5-7，评价一个区域地质灾害活跃强度，只考虑灾害面密度比是不合适的，其没有纳入能量（体积规模代替）大小的因素，纯粹是个空间几何尺寸百分比关系，而地质灾害活跃强度的指数尽可能考虑了灾害发生的重大影响因子，以能量的直观表达形式描述了地质灾害发生的强度，该指标是合适的。从表 5-8 可见，至 2003 年蓄水以来，按其特征值（欧氏距离）总体上可划分为 4 类，结合当前气象地质灾害预报及成灾等级的划分，水库蓄水后引起的地质灾害活动程度为 4 级，分别为 1 级（微弱活动）、2 级（明显活动）、3 级（强烈活动）、4 级（极强烈活动）。最终以上述综合分级表为参考，以 2004 年活动程度为最大值，蓄水前（以 2002 年系列代替）活动程度为最小值，结合地表变形表征，采用综合评估指标对基于活跃性强度指数的综合分级见表 5-8。

表 5-8　基于活跃性强度指数的综合分级表

活动指数级别	强度分级定性描述	活跃性强度指数 [m^3/次/(年 km^2)]
1	微弱活动	＜2000
2	明显活动	2000～8000
3	强烈活动	8000～70000
4	极强烈活动	＞70000

5.6　地质灾害活跃性阶段划分与评价

据基于活跃性强度指数的综合分级，三峡水库蓄水后历来地质灾害活跃强度评价成果见表 5-9。

表 5-9 三峡水库蓄水后历来地质灾害活跃强度评价成果表

年份	活跃性强度指数 [m^3/次/(年 km^2)]	活跃性强度评价
2002（本底）	545.39	微弱活动
2003	10537.99	强烈活动
2004	74708.08	极强活动
2005	4494.55	明显活动
2006	6103.69	明显活动
2007	8447.40	强烈活动
2008	2733.38	明显活动
2009	4042.55	明显活动
2010	5445.19	明显活动
2011	397.98	微弱活动
2012	957.71	微弱活动
2013	1774.00	微弱活动
2014	807.14	微弱活动

水库蓄水后地质灾害活跃性强度-时间概化图见图 5-9。

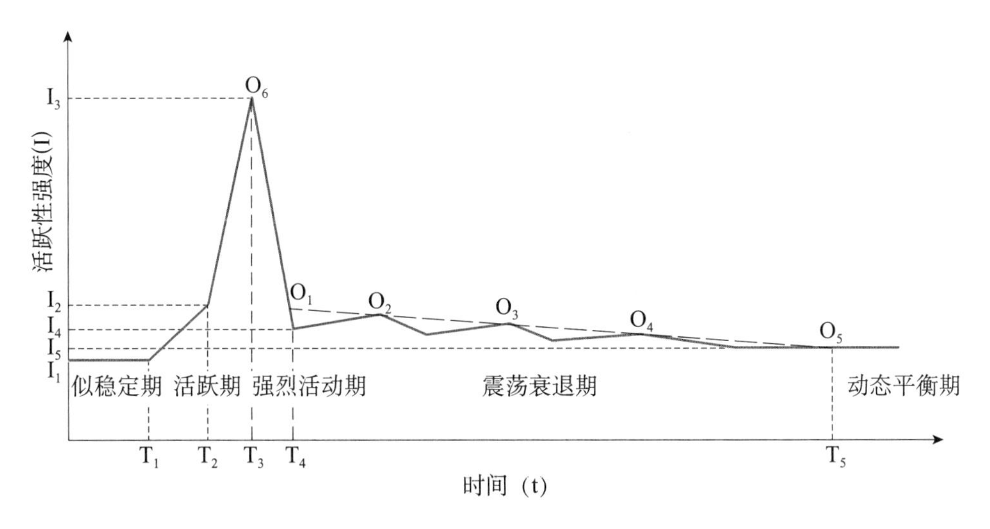

图 5-9 三峡水库蓄水后地质灾害活跃性强度-时间概化图

根据地质灾害活动性强度指数大小，结合其时变演化的趋势及特征点（曲线拐点）特征，参考水库蓄水阶段及地表地貌的变形，可将三峡库区蓄水前后的水库对库岸斜坡的影响而导致的地质灾害活动程度变化分为 5 个阶段：似稳定期、活跃期、强烈活动期、震荡衰退期及动态平衡期[1,122]。

结合图 5-9 分析可知，概化三峡库区地质灾害的活动变化趋势如下：

（1）似稳定期：为蓄水前水库岸坡地质灾害活动本底值（I_1），因岸坡经长期的自然调整适应，大多近似处于稳定态。

（2）活跃期：为相应阶段初次蓄水时，地质体浸水或退水时的强烈作用期，水库岸坡地质灾害活动值（I_2）总体表现为地质灾害的孕育阶段。据三峡水库 135m 蓄水呈现规律来看，对于确定的蓄水高程阶段，历时 1a 左右。

（3）强烈活动期：为相应阶段初次蓄水后，水位波动或周期性涨落时期，地质灾害体大面积、大规模地变形失稳。水库岸坡地质灾害活动值（I_3）是活跃期地质灾害孕育与当前蓄水效应的叠加作用的表现，据当前三峡水库表现的规律来看，对于确定的蓄水高程阶段，历时 2a 左右或稍长。

（4）震荡衰退期：水库库岸斜坡在长期蓄水后，水库蓄水引起的斜坡经稳态调整（变形或失稳），其活动性逐渐趋于微弱化，但因外界影响因素的周期性变化及地质体自身处于为适应新环境的调整与改造期而对其的敏感响应，导致本阶段地质灾害活动值（I）呈周期性震荡的衰退态势，其 I 值大于本底值（I_1）而小于 I_2。据三峡水库蓄水表现的规划来看，其震荡周期约为 3 年，该过程总体历时 10a 左右或稍长。

（5）动态平衡期：因水库蓄水的长期性与波动性，水库斜坡地质灾害活动永远不会停止，其活动水平处于一个低水平的动态平衡态，因蓄水后库岸斜坡所处环境劣于蓄水前，相应地质灾害活动水平（I_5）大致相当或略高于水库蓄水前的地质灾害活跃性强度指数（I_1）。

从图 5-9 分析，从水库运营的角度出发，尤要注意以下几点：

（1）就水库蓄水全过程而言，其地质灾害的活动性关系如下：

强烈活动期（I_3）＞活跃期（I_2）＞震荡衰退期（I）＞动态平衡期（I_5）＞似稳定期（I_1）。

为减弱蓄水对库岸斜坡的影响，我们最为关心两个关键指标，其一为蓄水全过程中地质灾害最为活跃的峰值（I_3），其二为影响的历时（T_1～T_5）。据本书 3.6.4 节研究表明，活跃的峰值（I_3）的控制因素有两个方面，一是地质体自身的内在因素，但不易改变；二是受上阶段蓄水历时（T_1～T_2）及蓄水位（波动率）的影响。若适当延长（T_1～T_2）时间段并适当提高初期蓄水位，给予水库蓄水对相应高程内的库岸斜坡充分影响的时空，应力等调整得以在低水平阶段完成或大部分完成，在下阶段蓄水时，达到有效削弱地质灾害活动的峰值水平（消峰），是可以降低水库蓄水对岸坡的影响的。

(2) 关于地质灾害活动的震荡衰退期，其相对而言是个漫长的过程。据三峡水库蓄水的表现规律来看，其在初次蓄水 2a 左右开始，历时 10a，约为前期历时的 5 倍。当前，三峡水库正处于震荡衰退期向动态平衡期的过渡（曲线拐点）。

如图 5-9 所示，对于震荡衰退期，其相应震荡周期峰值 O_1、O_2、O_3 近似呈抛物线排列，在不影响总体趋势的前提下，若取前 3 个周期，亦近似为直线段。为尽快缩短震荡期历时（$T_4 \sim T_5$），亦可考虑在前 3 周期加大水位波动率，在可控的低水平时期加速其影响的展布与调整释放。据初步估算，若一个周期内提高 10%的水位波动率，从图可知，直线 $O_1 \sim O_3$ 斜率变大，反映在水平轴的截距可缩短约 1.5a，可有效缩短后期的震荡影响历时。

6 岸坡变形时变过程分析

6.1 斜坡变形时变过程类型

从某种意义上说，水库岸坡变形时变过程亦是岸坡体为适应环境的变化而进行的一种调整，究其原因，主要是由于水库岸坡体具有很强的个性差异性特征，如外部环境的差异、岩坡结构与物理力学特性、化学特性等，导致其变形的时变演化过程与其所处的环境条件及坡体地质结构密切相关。

图 6 - 1 所示的斜坡变形-时间曲线仅是斜坡在恒定自重作用下的一种宏观规律和理想曲线[151]。

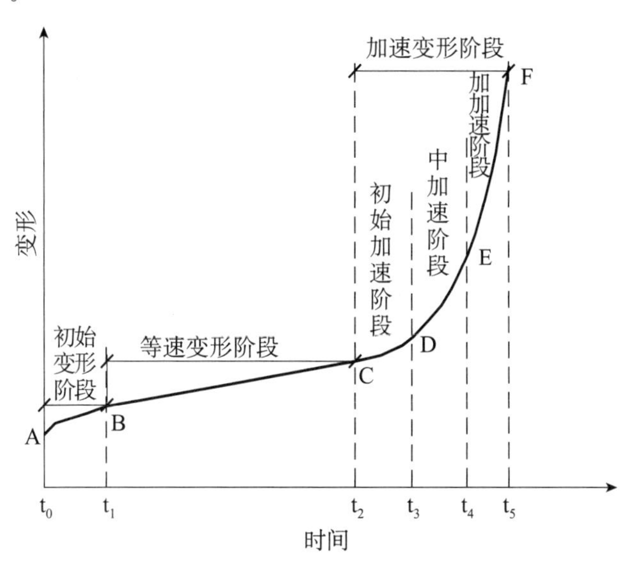

图 6 - 1　斜坡变形的三阶段演化概图

第 1 阶段：初始变形阶段（AB 段）。斜坡体变形初始，裂缝产生，整体变形增加，有一定的变形速率，随着时间变形渐趋缓慢，总体表现出减速变形。此阶段亦称为减速变形阶段。

第 2 阶段：等速变形阶段（BC 段）。因重力作用，库岸斜坡岩土体呈相同或近似相同速率变形，或受外界不确定因素影响，其变形呈波动状，总体趋势呈直线，宏观变形速率基本保持不变。

第 3 阶段：加速变形阶段（CF 段）。斜坡变形累积到一定程度，其变形速率会呈现加速增长特征，直至斜坡体整体失稳，如产生滑坡，其变形曲线斜率相当大，近于陡立。

以上所述库岸斜坡变形的时变三阶段特征是斜坡在重力或以重力为主导作用下的变形演化一般过程与规律。事实上，通常斜坡处于复杂且开放系统，其变形的发展演化过程势必受诸多外界因素（如水库蓄水、降雨、人类工程活动等）的影响，其变形-时间曲线多呈现出波动和振荡特性。因此，常见的斜坡变形-时间曲线总体符合上述趋势与规律，但在微观或局部通常表现为台阶型、平滑型和复合型。

（1）台阶型。库岸斜坡在其变形演化过程中遭受周期性（大气降雨、水库蓄水等）外界因素的作用，变形-时间曲线往往呈台阶状，称为台阶型。其因岸坡岩土体的渗透性较小，斜坡变形受库水及降雨影响并受其主导、控制，变形曲线就出现一个明显的变形增长台阶，通常其台阶跨越发生在水库退水期并耦合大气降雨，汛期（水库蓄水及降雨）结束后变形又逐步恢复，其变形时变曲线呈现出与降雨、蓄水相对应或具关联的阶梯状演化特征。

（2）平滑型。斜坡在变形发展过程中，虽受外界因素（如降雨、水库蓄水）的影响，但其变形-时间曲线呈直线性特征，称为平滑型。其因岸坡岩土体的渗透性大，斜坡变形受控于斜坡岩土体力学性质影响，或因外界因素非直接导致的岩土体力学性质的变化而产生的变形，基本不受外界影响，变形呈平缓态势持续增加，或因外界因素影响，斜坡变形速率有小幅上扬的趋势。

值得注意的是，此类斜坡，若斜坡的变形对外界因素有一定敏感性，或主导变形有利或不利因素存在相互转化的过程，斜坡变形-时间曲线总体表现为波浪起伏的小幅度振荡的直线特性，称平滑-波浪型。

（3）复合型。斜坡在变形发展过程中，由于水库初期蓄水，同时岸坡岩土体渗透性较低，其斜坡时变曲线呈平滑型特点，但随着水库多次周期性蓄水，组成岸坡岩土体的颗粒材料部分被带走，导致岸坡体渗透性变化大，后期变形时变曲线呈台阶型，斜坡变形-时间曲线总体表现为平滑型-台阶型，称复合型。

根据对研究区内斜坡变形类型的统计分析，约 62%属台阶型时变过程，31%属平滑型时变过程。下面针对上述斜坡变形特征类型的划分，对研究区内的卧沙溪滑坡（台阶型）与卡子湾滑坡（平滑型）的变形时变过程进行研究。

6.2　卧沙溪滑坡变形时变过程

6.2.1　滑坡基本特征

研究区内的卧沙溪滑坡位于长江支流青干河右岸，距青干河河口约 6km，距三峡大坝坝址 50km，地处秭归县沙镇溪镇梅坪村一组。大地坐标：经度 110°35′42.4″，纬度 30°58′03.9″。构造部位为百福坪背斜南翼，滑坡区为单斜地层，地层岩性为侏罗系长石石英砂岩。

图 6-2　卧沙溪滑坡监测网点分布图

卧沙溪滑坡总体地形南西高北东低，总体坡度 20°。滑体前后缘高程分别为约 140m 与 405m。滑体南北向长约 400m，东西向宽约 700m，厚度约 15m，体积 $420\times10^4m^3$。2007 年 2 月 24 日，滑坡体前缘中部出现了明显的滑移变形。2008 年 5 月和 2009 年 5 月，在三峡水库水位下降期间，次级滑体均产生了较大位移。2014 年 4 月之后，次级滑坡变形再次加剧，规模扩大。卧沙溪滑坡全貌见图 6－2。

6.2.2 滑坡变形监测

该滑坡体区布设 2 纵 2 横监测剖面，2007 年 3 月下旬，在中部变形强烈的次级滑体中增建 2 个 GPS 监测点，2010 年 175m 蓄水淹没 1 个测点，目前卧沙溪滑坡体上共有 5 个 GPS 监测点，各监测点分布见图 6－3。

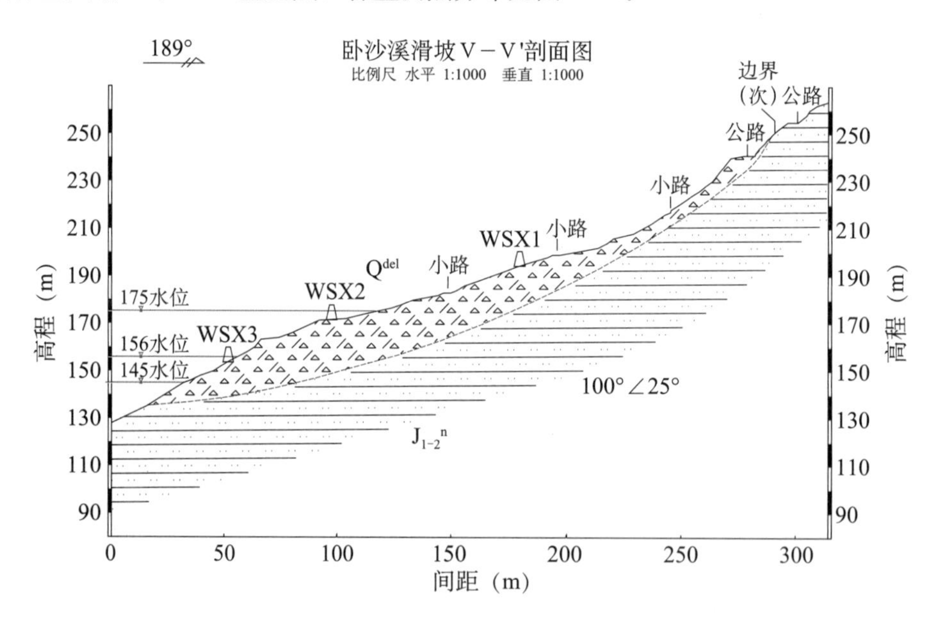

图 6－3　卧沙溪滑坡监测剖面图

6.2.3 变形分析

（1）GPS 监测结果

2014 年监测数据显示，WSX1 监测点多年累计水平位移值已达 20314.11mm，累计位移方向 15°，年水平位移值 2177.0mm。2011 年平均速率 52.0 mm /月，2012 年平均速率 334.43mm /月，2013 年平均速率 18.5mm/月，2014 年平均速率 181.4mm/月。2014 年该监测点自汛期开始，一直持续变形（见图 6－4、图 6－5、表 6－1）。

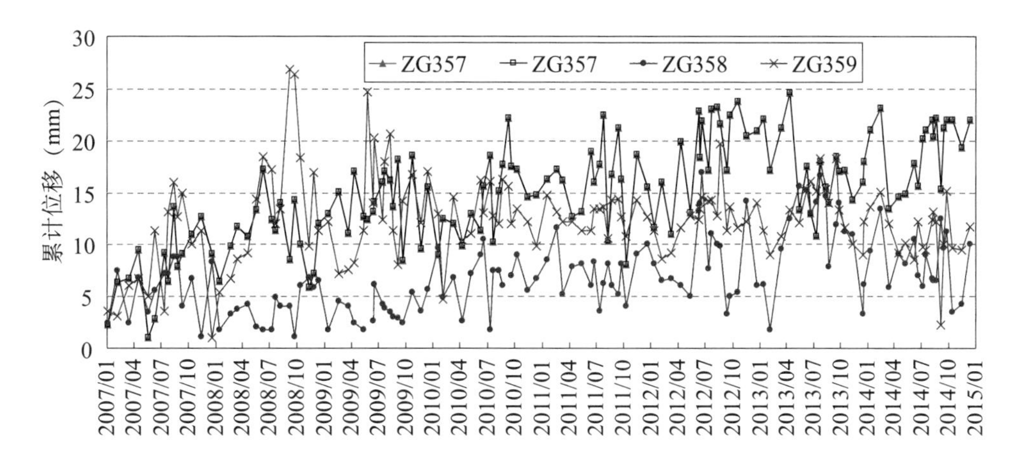

图 6-4 卧沙溪滑坡 GPS 监测点累计水平位移-时间曲线图

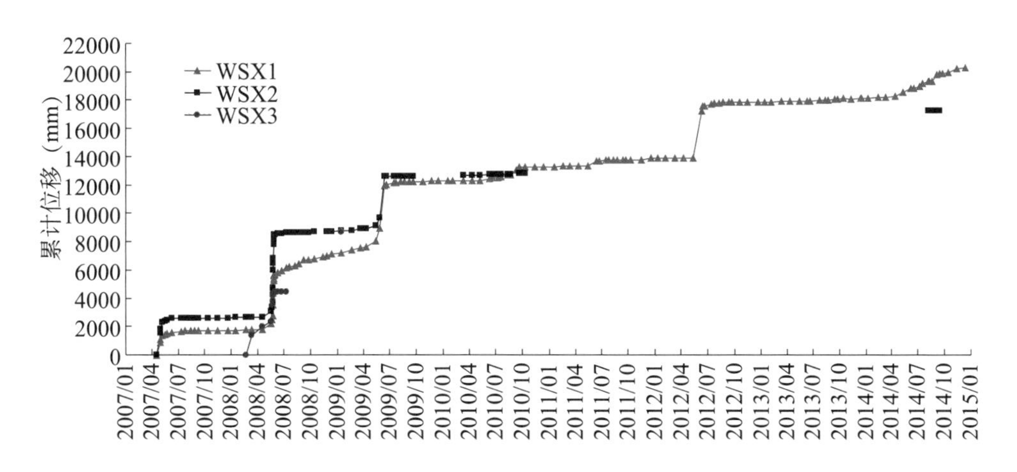

图 6-5 卧沙溪滑坡次级滑体 GPS 监测点水平累计位移-时间曲线图

表 6-1 卧沙溪滑坡 GPS 专业监测点变形分析表

点名	初测—2014.12		2011 年		2012 年		2013 年		2014 年		
	累计变形量（mm）	位移方向（°）	年位移量（mm）	平均速率（mm/月）	年位移量（mm）	平均速率（mm/月）	年位移量（mm）	平均速率（mm/月）	年位移量（mm）	平均速率（mm/月）	位移方向（°）
wsx1	20314.1	15	624.4	52.0	4013.1	334.4	223.4	18.5	2177.0	181.4	14
ZG356	0	—	0	0	0	0	0	0	0	0	
ZG357	0	—	0	0	0	0	0	0	0	0	
ZG358	0	—	0	0	0	0	0	0	0	0	
ZG359	0	—	0	0	0	0	0	0	0	0	

备注：累计位移量为本期监测值与初始监测值之差，WSX1 初测时间为 2007 年 4 月，其他点初测时间为 2006 年 9 月。

（2）监测分析

根据以上卧沙溪滑坡 GPS 监测数据及宏观变形特征分析，从 2006 年 9 月开始专业监测以来，卧沙溪滑坡体上 4 个 GPS 监测点（ZG356～ZG359）累计位移测值在一定范围内小幅变化，4 个测点无明显位移。但在卧沙溪滑坡次级滑体内的 3 个监测点，特别是 WSX1 监测点，自 2007 年 4 月监测以来，在每年的 4—6 月汛期期间都有一次相对较大的变形过程，其中 2007 年、2008 年、2009 年和 2012 年的汛期期间变形最为明显，尤其 2008 年 5 月下旬变形最为严重（图 6－7）。而在 2013 年 5—6 月，随着库水位的降低，降雨量的增大，滑坡变形曲线稍微有上升趋势。但 2014 年 4 月之后，次级滑体变形明显增大，并一直持续变形不止，位移速率最大达 32.14mm/d（图 6－6，表 6－2）。

根据 2014 年卧沙溪滑坡的变形曲线分析，卧沙溪滑坡次级滑体的变形已进入等速变形阶段，随着变形的持续发展，次级滑体最终将出现整体下滑。

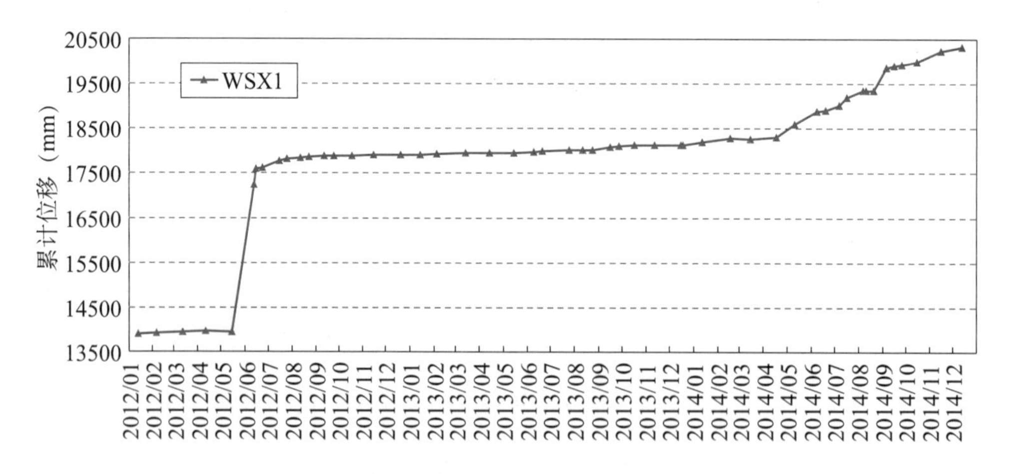

图 6－6　卧沙溪滑坡次级滑体（WSX1）GPS 监测点水平位移曲线

表 6－2　卧沙溪滑坡次级滑体（WSX1）GPS 监测点水平位移速率

时间	水平位移速率（mm/d）
2012/07/24—2014/04/16	0.78
2014/04/16—2014/05/10	12.15
2014/05/10—2014/06/07	10.36
2014/06/07—2014/06/18	1.02
2014/06/18—2014/07/06	6.59
2014/07/06—2014/07/16	18.27
2014/07/16—2014/08/06	6.87

续表

时间	水平位移速率（mm/d）
2014/08/06—2014/08/19	0.21
2014/08/19—2014/09/04	32.14
2014/09/04—2014/09/24	3.83
2014/09/24—2014/12/12	4.81

6.2.4 滑坡变形机理与影响因素分析

（1）库水位升降对滑坡变形的影响

卧沙溪滑坡次级滑体累计位移（WSX1、WSX2 监测点）与月降雨量、库水位的对比关系见图 6-7。

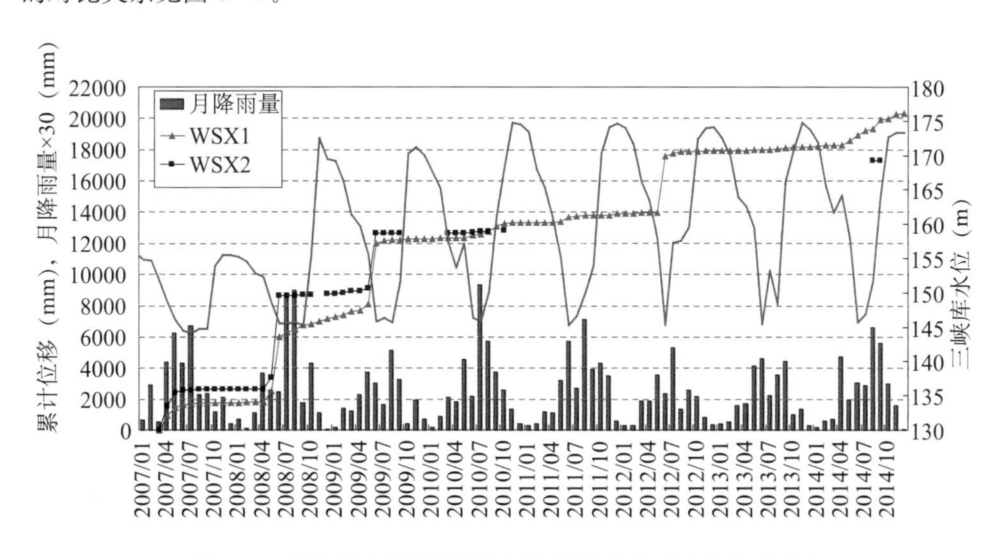

图 6-7 卧沙溪次级滑坡累计变形-月降雨量-库水位关系曲线

从图 6-7 可知，该滑坡变形与三峡水库水位波动呈正相关。2007 年 4 月中下旬，三峡水库水位下降，该滑坡变形急剧增大；其后随三峡水库水位稳定，该滑坡变形也随之趋于稳定。2007 年 8 月底，库水位上升，而滑坡变形趋于稳定。2008 年 4 月底，三峡水库水位从 156m 下降到 145m，滑坡发生急剧变形；6 月中旬，三峡水库水位基本稳定，滑坡变形也趋于稳定。2009 年 5 月，三峡水库水位从 156m 下降至 145m，滑坡急剧变形；6 月下旬，三峡水库水位稳定，滑坡变形亦趋于稳定。随后的 2010 年 5 月初及 2011 年 5—6 月期间的滑坡急剧变形时期也都与库水位下降时期重叠。2014 年 4 月，随着库水位的下降，卧沙溪滑坡次级滑体又出现了较大变形（图 6-8）。但与 2008、2009 和 2012 年不同的是，6 月之后库水位已经下降到 145m，但滑坡的变形仍在持续增大，位移曲线并没有变平缓，并随着三峡水库水位上升，该滑坡变形持续增大。

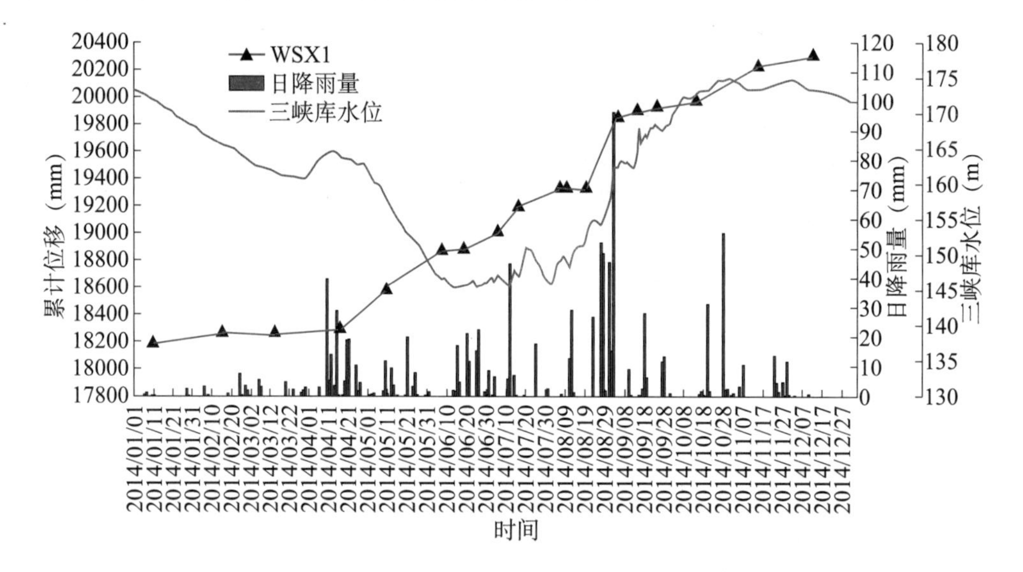

图 6-8 次级滑体累计位移-日降雨量-库水位关系曲线（2014 年）

据上述分析，三峡水库水位波动（升或降）对卧沙溪滑坡变形的影响是显著的，其变形响应时间较水库水位变化波动存在一定滞后。每年的 5 月至 8 月，该滑坡变形时变曲线出现相当明显的变形增长台阶，该段时间为三峡水库水位波动（下降抑或低水位运行）；在每年 9 月至次年 4 月，滑坡位移-时间曲线趋势相对平缓，滑坡位移速率减小，滑坡累计位移-时间曲线亦呈现出“阶跃”。

（2）大气降雨对滑坡变形的影响

卧沙溪次级滑坡的变形受降雨影响也是相当大的，据图 6-6 可知，4 月至 5 月，该滑坡变形突然增大，此时三峡库区为雨季，降雨量较其他时期增大。因此，三峡水库水位下降并耦合汛期降雨的双重影响，是该滑坡变形急剧增加的重要原因之一。

（3）综合影响分析

大气降雨并耦合三峡水库水位波动（上升或下降）对滑坡变形增长影响极大，尤其是 2007—2012 年，在三峡水库水位下降和 4 月汛期降雨的双重影响下，滑坡变形急剧增加。这表明在三峡水库水位下降时，若出现明显暴雨、久雨过程，对滑坡的稳定性极为不利。2014 年 4 月之后，库水位不断下降，且降雨量不断增大，滑坡位移也有不断增大的趋势。但在 2014 年 8 月底至 9 月初，虽然库水位在持续上升，但由于持续强降雨的影响，卧沙溪滑坡的变形也急剧增大，位移速率高达 32.14mm/d。

6.3 卡子湾滑坡变形时变过程

6.3.1 滑坡基本特征

卡子湾滑坡位于三峡库区秭归县归州镇彭家坡村，长江北岸支流归州河左岸，南与归州老镇隔山相背而靠，距河口 1.9km，地理坐标：经度 110°41′50″，纬度 31°0′48″。

滑坡体前缘为归州河，后缘总体呈顺向坡，北部为凸状山脊地形，南部为凹谷斜坡。滑坡体下伏地层为侏罗系上统遂宁组砂岩与泥岩互层地层，产状：倾向 303°，倾角 39°，滑体南西侧出露基层产状为倾向 68°～75°，倾角 65°～75°。滑坡面积 $110\times10^4m^2$，厚度 50～200m，总体积约 $12000\times10^4m^3$。

2004 年 7 月，根据卡子湾滑坡变形特征，划定了滑坡预警区、变形影响区。滑坡预警区为：南北两侧分别以滑坡体北西向两冲沟为界，后缘边界北起彭家坡小学后（分布高程约 260～270m），沿村级公路向南延伸至大坪北侧冲沟，前缘至归州河。变形影响区为：紧靠预警区后缘，范围包括滑坡体约 370m 高程以下的李家院子、陈家岭和大坪。

6.3.2 滑坡变形监测

卡子湾滑坡体按三纵四横网格状布置，监测点分布见图 6－9。

6.3.3 变形分析

（1）GPS 监测

①卡子湾滑坡预警区内滑体现有 ZG59、ZG60 两个 GPS 监测点，2014 年度监测数据显示，ZG59 监测点水平方向监测值 24mm，平均速率 2.0mm/月，方向 272°，多年累计水平位移值 814.8mm，累计位移方向 292°；ZG60 监测点水平方向监测值 76.8mm，平均速率 6.4mm/月，方向 325°，多年累计水平位移值 1383.7mm，累计位移方向 322°，各监测点位移矢量图见图 6－10。2014 年度各监测点水平方向位移速率介于 2012 年与 2013 年的速率之间，结合 GPS 累计位移曲线图，2014 年卡子湾滑坡预警区滑体处于蠕动变形状态（见表 6－3、图 6－10）。

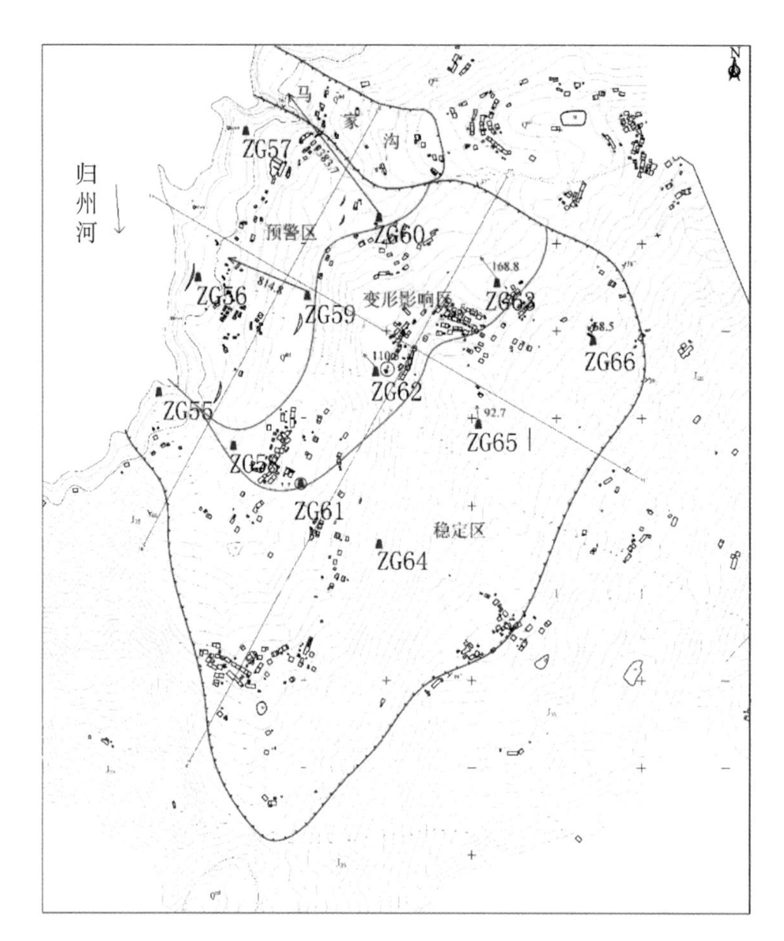

图 6-9　卡子湾滑坡监测点分布图

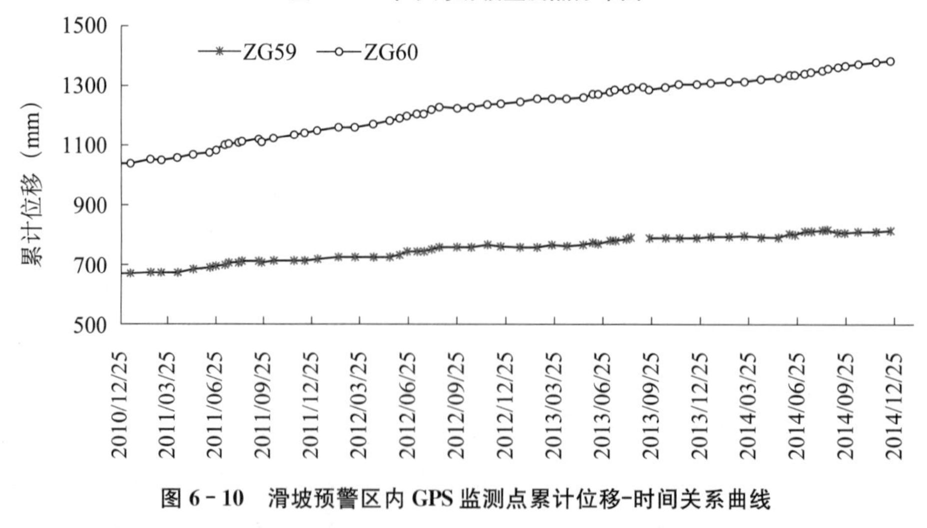

图 6-10　滑坡预警区内 GPS 监测点累计位移-时间关系曲线

②卡子湾滑坡影响区内现有 ZG58、ZG61、ZG62、ZG63 等 4 个 GPS 监测点，2014 年度水平方向监测值在测量误差范围内。结合 GPS 累计位移曲线图，2014 年

度卡子湾滑坡影响区滑体无明显变形（见表 6－3、图 6－11），处于基本稳定状态。

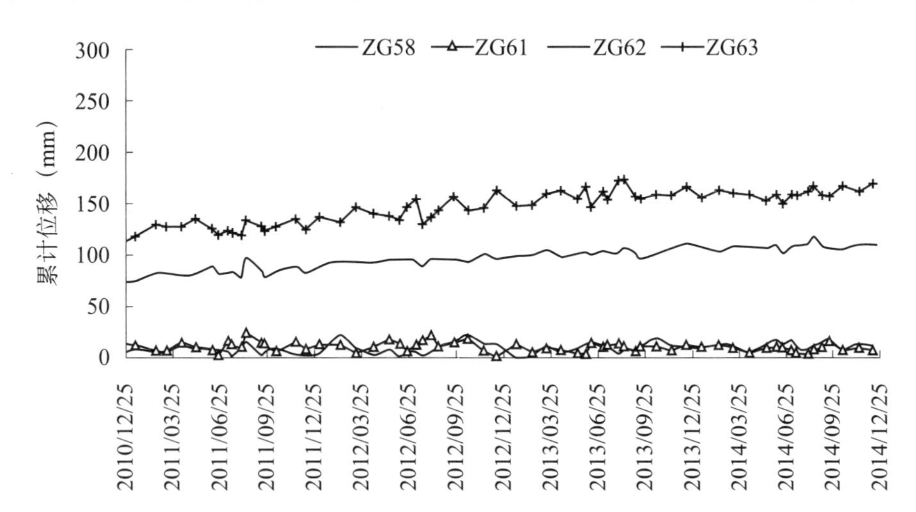

图 6－11 滑坡影响区 GPS 监测点累计位移-时间关系曲线

表 6－3 卡子湾滑坡 GPS 专业监测点变形分析表

点名	初测—2013.12		2012 年		2013 年		2014 年	
	累计变形量（mm）	位移方向（°）	年位移量（mm）	平均速率（mm/月）	年位移量（mm）	平均速率（mm/月）	年位移量（mm）	平均速率（mm/月）
ZG58	12.4	76	0	0.0	0	0	0	0
ZG59	814.8	292	47.5	4.0	28.2	2.3	24.0	2.0
ZG60	1383.7	322	98.8	8.2	66.2	5.4	76.8	6.4
ZG61	0.0	—	0	0.0	0	0.0	0	0
ZG62	110.3	316	14.4	1.2	14.4	1.2	0	0
ZG63	168.8	322	38.3	3.2	0	0.0	0	0
ZG64	0.0	—	0	0.0	0	0.0	0	0
ZG65	92.7	353	13.0	1.1	0	0.0	0	0
ZG66	68.5	331	25.1	2.1	0	0.0	0	0
备注：累计位移量为本期监测值与初始监测值之差（初测时间 2003 年 7 月）								

③影响区外现有 ZG64、ZG65、ZG66 等 3 个 GPS 监测点，2014 年监测数据显示，各监测点水平方向监测值在测量误差范围内，变形不明显，滑坡影响区外滑体基本稳定（见表 6－3、图 6－12）。

（2）综合分析

2014 年卡子湾滑坡预警区滑体平均速率 2.0～6.4mm/月，变形缓慢，速率介于 2012 年与 2013 年之间。结合 GPS 累计位移曲线图与宏观地质巡查，2014 年卡子湾滑坡预警区滑体处于蠕动变形状态；影响区滑体及影响区外滑体变形不明显，均处于基本稳定状态。

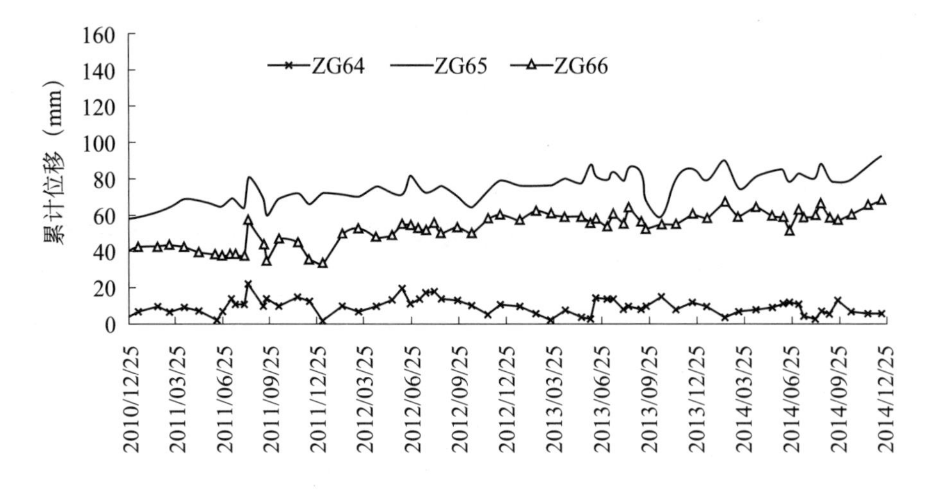

图 6-12　滑坡预警区外 GPS 监测点累计位移-时间关系曲线

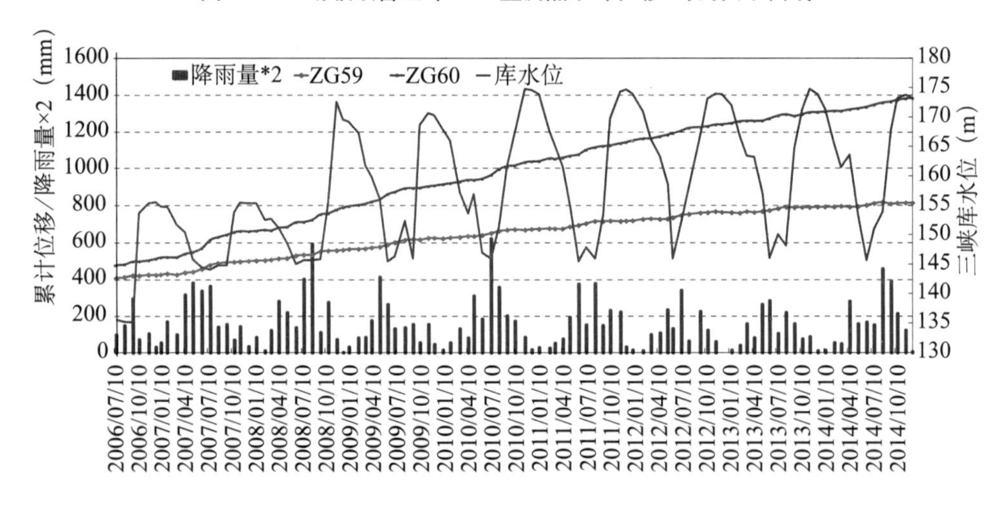

图 6-13　卡子湾滑坡预警区内 GPS 监测点累计位移-降雨量-水库水位-时间曲线

6.3.4　滑坡变形机理与影响因素分析

从图 6-13 的曲线分析可以得出，整个滑坡预警区内 ZG59 与 ZG60 两个监测点累计位移呈平缓态势持续增加，并且每年 5—8 月滑坡变形速率稍有增大，曲线有小幅上扬的趋势。经过监测数据对比曲线分析，主要是受大气降雨影响所致。大气降雨抬高地下水位，增大滑坡地下水力坡度大；降雨沿裂隙入渗，对滑体物质，主要对滑带产生泥化、软化效应，降低了滑带土的物理力学性能，如滑面的抗剪强度等；其次是静水压力效应，加大滑坡体下滑力；第三，动水压力效应，增加了滑坡下滑动。上述因素单个或耦合作用，促使滑体易于变形。

7 结 论

本书在深入研究三峡水库坝址—牛口河段库岸斜坡工程地质条件的基础上，对水库自2003年蓄水以来至2014年库岸斜坡变形进行了翔实调查，基于数理统计与工程地质分析原理，分析了斜坡变形随水库蓄水、降雨的时空分布与演化过程。在对水库区域性地质灾害活动程度评价的指标如点密度、地形改变率、面积比进行了对比研究的基础上，提出了活跃性强度指数概念，并建立了基于活跃性强度指数的水库地质灾害活动程度评价体系，对三峡水库蓄水至今的水库库岸斜坡的地质灾害活动进了评价并划分为四个阶段。以研究区卧沙溪滑坡及卡子湾滑坡变形为例，具体分析了水库斜坡变形时变过程，并根据时变曲线特征将水库斜坡变形分类。通过上述研究，得到以下结论：

1. 研究区地貌主要分为结晶岩低山丘陵宽谷段、碳酸盐岩中山峡谷段、碎屑岩中低山河谷段三种类型，区内地层发育齐全，新构造运动不强烈，主要表现为南津关以西的山地大面积间歇性上升，东部江汉平原相对下降，从而形成一平缓过渡带，库区总体处于弱震环境，地震基本烈度属于Ⅵ度区范围。

2. 岸坡结构是库区岸坡变形破坏的基本地质条件，不同的岸坡结构决定着岸坡变形破坏的类型、数量和规模，阐明岸坡结构对于分析岸坡变形破坏的形成机制及其稳定性评价，具有重要的意义。根据岸坡地层、岩性（物质组成）、地质结构及成因类型，将岸坡分为土质岸坡（Ⅰ类）、岩质岸坡（Ⅱ类）、土-岩复合岸坡（Ⅲ类）和滑坡体岸坡（Ⅳ类）四大类。从岩性组合上看，研究区主要由层状岩体构成的岩质岸坡和由松散堆积物构成的土质岸坡组成。

3. 研究区存在的地质灾害类型主要有四种，即滑坡灾害、崩塌灾害、泥石流灾害、塌岸灾害等，其中尤以滑坡、塌岸为剧；其中塌岸分为三种类型，即侵蚀-

剥蚀型、坍塌型、整体滑移型；根据库水对斜坡变形的作用效应，滑坡分为浮托减重型、水压力型和劣化效应型。

相应灾害类型的承灾地质灾害体主要发育在一级斜坡中下部的侏罗系碎屑岩地层和第四系松散堆积层中，尤其是侏罗系中上统的泥岩与粉砂岩构成的顺向斜坡区最为发育，主要分布在长江右岸郭家坝—沙镇溪、香溪河右岸、归州河两岸、青干河沿岸以及童庄河右岸等地段。

4. 从时空分布特点、地层岩性、构造、坡体结构及地形地貌方面总结了库岸滑坡的分布规律如下：

（1）具有明显的地段性与时间性，其空间分布特点主要表现为条带性、垂直分带性和相对集中性，时间性主要表现为周期性和滞后性。

（2）滑坡、崩塌发育受地区地层岩性、地质构造和地貌及其组合关系等条件控制，造成了空间分布的明显差异。均一岩性组成的岸坡发生滑坡的几率最小，滑坡形式以结构面组合下的崩塌、危岩为主；上硬下软二元岩性组合结构发生滑坡的几率最大，规模最大；夹层结构相对互层结构发生大型滑坡的几率大，软岩为主的边坡相对硬岩为主的边坡发生滑坡的几率高，但规模相对较小；除了岩性组合的影响外，岩体结构面和边坡临空面的关系影响也十分明显。顺层结构的岸坡发生滑坡的几率相对切层和斜交坡要大，因此，需要进一步按岩体控制结构面和边坡临空面的关系划分岩体结构。研究区沿岸的秭归沙镇溪—范家坪附近等库岸段崩滑体发育数量最多，斜坡的稳定性也最差。

（3）区域性的线性构造与滑坡分布的统计，二者之间存在非常明显的对应关系，峡区断裂活动与滑坡活动的时间周期和强度也相吻合，只是滑坡的活动时期略有提前，断裂和地震活动与滑坡活动有其共同的构造背景。

（4）库区崩滑体明显受控于碎屑岩岸坡结构类型，尤其顺向岸坡是大型滑坡的温床；碳酸盐岩区具软弱基座的岸坡结构段则是崩滑体密集发育地带。崩滑体发育程度强弱依次为：椅状或中倾（21°～45°）顺向坡、椅状或中倾斜顺向坡、软硬相间的逆向坡、缓坡（10°～20°）顺向坡、均一或缓倾逆向坡、近水平地层坡与横向坡。

（5）本区崩滑坡的发育具有明显的地域性，受地层岩性、岸坡结构等控制较多，其规模以中小型为主，分别占总数的31.25％和63.02％，其发育的特征条件为地质条件的缺陷耦合降雨条件共同作用的结果。

（6）研究区非构造型土岩接触带滑带最为发育，至少有46％的滑坡滑带沿各种土岩接触带发育；其次，非构造型各种岩层面滑带约占21%，构造型断裂破碎带滑带在三峡库区中约占17%，其他类型滑带相对较不发育，约占大型滑坡的24%。土岩接触带面是最易发滑带层位，由于研究区岩层以碎屑沉积岩为主，尤其泥岩、泥质胶结粉砂岩，所以多发顺层各种滑坡。

（7）滑坡前缘剪出口高程由高到低滑坡数呈增加趋势，其主要分布在100～145m区间。

5. 蓄水前后研究区水库库岸斜坡的活跃性程度如下：

（1）三峡水库蓄水前，研究区内库岸斜坡稳定性受葛洲坝水库蓄水影响经过约20年的适应与调整，库岸斜坡活动性微弱，其稳定性主要受控于地层岩性、岸坡结构及大气降雨等，尤其是三峡水库蓄水前，库岸斜坡变形活跃性总体强度处于一个相对稳定而较低的水平。

（2）三峡水库135～139m蓄水对长江干流影响大于支流，135～139m蓄水对岸坡的变形影响有限，主要为中大型的岸坡变形。岸坡变形事件主要发生在6、7月，其发生的体积占总数的83.5%，为灾害集中爆发期。本阶段蓄水为水库第一个蓄水阶段，与此相关联的岸坡变形多发生在涨水期，占总数的83%，平水期占11.4%，退水期占5.6%。就岸坡整体稳定性而言，第一次蓄水对岸坡地质体的劣化影响是最大的。

（3）三峡水库156m蓄水，对长江支流影响略大于干流，156m蓄水对岸坡的变形影响是上阶段蓄水影响的进一步延伸，主要为大型的岸坡变形。本阶段岸坡变形事件主要发生在4、6、10月，其发生的体积占总数的81%。与本阶段蓄水相关联的岸坡变形多发生在退水期，占总数的73%，涨水期占27%，水位波动是库岸斜坡变形的主要因素。

（4）三峡水库175m试验性蓄水对长江支流影响略大于干流，175m蓄水对岸坡的变形影响主要以中小型为主。本阶段岸坡变形事件主要发生在5、7、8、10月，其发生的体积占总数的73%。与本阶段蓄水相关联的岸坡变形多发生在涨水期，占总数的59%，退水期占41%。就水库蓄水对库岸斜坡宏观影响而言，本阶段蓄水对岸坡地质体的浮托效应的影响是最大的。从世界范围内统计数据对比分析，该阶段后，水库库岸斜坡已完成为适应新环境的调整。

6. 水库岸坡变形灾害频数（N）与绝对水位波动率（V_h）的相关性要明显高于水库岸坡变形灾害频数（N）与相对水位波动率（V_h）的相关性，亦说明上一阶段蓄水对库岸稳定的不利影响是个漫长的过程，还会延续在下一阶段蓄水中库岸变形中表现出来。为弱化或消除其影响，可适当延长各阶段蓄水时间。

就具体阶段蓄水过程而言，随着后续阶段蓄水位的升高（135m～156m～175m），每一蓄水位高程的首次蓄水期对斜坡变形影响最大，其随水位增加呈减小趋势，规模-时间曲线峰值也呈衰减趋势，且大部分发生在涨水期。分析其原因，库水对斜坡的理化作用效用较水压力明显，主要体现在劣化方面。

7. 水库蓄水对库岸斜坡的影响过程，在蓄水初期，首先是岩土体产生湿化变形，在动静水压力作用下，岩土体的结构与强度遭到破坏；同时，由于水的浸泡产生一系列如水解、溶解和碳酸化作用等化学作用，具体表现为岩土体材料的黏聚力及抗剪强度降低；第三，库水位周期性的涨落及库岸地下水水位动态影响的滞后，引起斜坡内地下水渗流场与压力的变化亦是一个重要原因。在岩土体经过一定时间的浸泡后，其湿化变化渐趋于完成，库岸斜坡为适应新的环境进行应力的调整与释放，岩土体力学性能一般近趋于饱和态或稍高，库岸斜坡稳定性主要受控于退水期水位波动造成的动水压力。

通过对本次研究区内的水库蓄水高度与变形库岸频数关系的研究，发生最频繁灾害事件的水位区间为145～150m，发生大体积灾害事件的水位区间为150～155m，意味着145～155m水位高程为库岸斜坡稳定最不利水位。

水库库岸斜坡变形集中在6—9月，且相对水库蓄水时间，灾害发生的时间均滞后约10～15天左右，原因之一是此时间段内库水波动幅度与频率较大，其二是耦合降雨的原因。

8. 影响岸坡变形的既有内在因素也有外在因素，不同因素的影响程度与深度也是不同的。内在因素包括地貌条件、岩石性质、岩体结构和地质构造等，这些因素引起的库岸变形是十分缓慢的，它们决定了库岸边坡变形的形式与规模，对库岸的稳定性起着控制性作用，是岸坡变形的先决条件。外在因素包括水文地质条件、风化作用、库水的作用、地震及人类活动因素等，这些因素的变化一般相对较快，但只有通过内在因素才能对岸坡的稳定性起破坏作用，或者促进岸坡变形的发生和发展。

（1）岸坡形态对变形体的影响表现在变形体的分布密度和规模上，根据对干、支流变形体的统计资料，凹形岸坡分布的变形体相对密集，但规模一般不大，而凸形岸坡发育变形体数量相对较少，但体积一般较大。

（2）岩石性质是影响库岸斜坡稳定的基本因素，岩组特征对边坡的破坏有直接影响。就岸坡的变形破坏特征而论，不同的地层岩组均有其常见的破坏形式。

有些地层岩组中滑坡特别发育，这与该地层岩石的矿物成分、亲水特性及抗风化能力等有关，如二叠系煤系岩组是易滑地层岩组（链子崖危岩）；侏罗系以及三叠系中、上统岩层，主要为黏土岩或砂岩与黏土岩互层，并含有软弱泥化带，其黏土岩以及接触面遇水易软化，从而强度大大降低，为变形体的形成与发展创造了条件（巴东县城—沙镇溪库段）；而碳酸盐岩地区，大规模的变形体不发育，以崩塌堆积为主，数量少，规模较小。

（3）地质构造是影响岩质边坡稳定性的重要因素。斜坡地段的褶皱形态、岩层产状、断层与节理裂隙本身就是软弱结构面，经常构成滑动面或滑坡周界，直接控制斜坡变形破坏的形式和规模。大规模的库岸斜坡变形（如滑坡、大型崩塌）与断层活动也存在许多方面的内在联系。

（4）岩石风化作用对边坡变形的发生和发展起着促进作用。风化作用后的边坡稳定性大大降低，岩石风化愈深，边坡的稳定性愈差，稳定坡角愈小。碳酸盐岩总体上抗风化能力较强，但岩体中结构面较发育时，往往沿结构面有风化加剧现象。碎屑岩类（区内主要为页岩）抗风化能力较差，表层岩体一般风化较强烈，岩体极破碎。风化作用使各种结构面的影响范围得到扩张，体现在：使裂缝宽度增大，岩体完整性进一步破坏，各类结构面有逐步贯通趋势，地下水通道也趋连通，使水体影响程度加深。岩层中存在软弱夹层时，顺层风化强烈，形成层状或条带状的风化特征，风化后的软弱层性状更差，对库岸斜坡整体稳定极为不利。

（5）三峡库区蓄水以后，水对库岸岩体的改造和作用必将带来库岸岩体物理力学性能变化。水对岩块强度的影响主要取决于岩石孔隙大小和亲水性矿物的含量。一般来说，水对细粒结晶火成岩和变质岩影响小些，对沉积年代短、泥质胶结的沉积岩或泥岩影响较大，有的黏土岩在水的作用下强度降低达60％以上。岩体内渗流作用使岩体内可溶物质溶解，结构面细颗粒被带走，饱水岩体抗剪强度、变形模量和弹性模量均会出现一定程度的降低。

（6）水库蓄水对库岸斜坡的影响，除了产生如岩体的软化、动静水压力、冲刷、浪蚀作用等不利影响外，其因水库淤积对地形的改变而形成对斜坡坡脚的压护作用亦是一个不可忽视的有利影响。

9. 对于水库型滑坡的形成机理，其斜坡自身工程地质条件是本质因素，更重要的是库岸地带的水岩作用，其有多种形式，但最重要的是软化、泥化、潜蚀、空隙水压力或悬浮减重，以及动水压力作用。软化、泥化和潜蚀的作用是显而易见的。实际上，在库水位上升和消落的重复循环中，软化、泥化始终起着降低库岸稳定性的重要作用，而潜蚀则只能在一些特殊条件下于水位消落特别是快速消落时起作用。但值得注意的是，软化、泥化作用的效应具有一定的可逆性，即其降低岩土体强度的效应会随其含水情况的变化增大或减小，而潜蚀则是一种累进性发展的作用。

10. 在对地质灾害活跃性评价的相关指标如点密度、面积比、地形改变率等研究的基础上，提出了活跃性强度指数的概念，通过其概念的外延与内涵阐述，拟定了计算方法。研究认为评价一个区域地质灾害活跃强度，只考虑灾害面密度比是不合适的，其没有纳入能量（体积规模代替）大小的因素，纯是个空间几何尺寸百分比关系。而地质灾害活跃强度的指数尽可能考虑了灾害发生的重大影响因子，以能量的直观表达形式描述了地质灾害发生的强度，该指标对评价区域地质灾害活跃程度要优于其他几个指标。

11. 研究了灰色-马尔可夫链法、灰色-周期延长法及频谱分析法在区域地质灾害预测中的应用，通过对上述三种方法计算结果的比较，结果显示频谱分析法对于区域性群发地质灾害频数预测有较好的结果。采用频谱分析法，在对研究区2003—2014年地质灾害规模拟合的基础上，对2015—2030年地质灾害爆发规模建立了预测模型如下：

$$S(t)=2.2005+0.7258\cos(0.1802\pi t+0.4113)+1.7896\cos(0.3604\pi t+0.6886)+1.411\cos(0.5406\pi t+0.6708)+1.4682\cos(0.7208\pi t+2.8036)$$

依此，并进行了预测分析，认为研究区在2015年底至2016年初，区域地质灾害规模达到下一阶段性峰值后，将逐渐趋于较低活动程度的水平。

12. 对研究区2002年（代表本底值）—2014年地质灾害活动性进行了聚类分析，结合斜坡地表变形表征、三峡水库蓄水调度，并参考点密度、地形改变率等相关指标，将水库蓄水斜坡变形活动程度分为4级，分别为1级（微弱活动）、2级（明显活动）、3级（强烈活动）、4级（极强烈活动），并以此建立了水库蓄水地质灾害活跃性评价体系。

13. 按照水库蓄水地质灾害活跃性评价体系，根据地质灾害活动性强度指数大小，结合其时变演化的趋势及特征点（曲线拐点）特征，参考水库蓄水阶段及地表地貌的变形，可将三峡库区蓄水前后的水库对库岸斜坡的影响而导致的地质灾害活动程度变化分为5个阶段：似稳定期、活跃期、强烈活动期、震荡衰退期及动态平衡稳定期，并对水库斜坡演化过程进行了研究。

（1）就水库蓄水全过程而言，其地质灾害的活动性关系如下：强烈活动期

(I_3)>活跃期(I_2)>震荡衰退期(I)>动态平衡期(I_5)>似稳定期(I_1)。

为减弱蓄水对库岸斜坡的影响，若适当延长($T_1 \sim T_2$)时间段并适当提高初期蓄水位，给予水库蓄水对相应高程内的库岸斜坡充分影响的时空，应力等调整得以在低水位阶段完成或大部分完成，在下阶段蓄水时，达到有效削弱地质灾害活动的峰值水平（消峰），是可以降低水库蓄水对岸坡的影响的。

(2) 据三峡水库蓄水的表现规律来看，其在初次蓄水 2a 左右开始，震荡衰退期历时 10a，约为前期历时的 5 倍。当前，三峡水库正处于震荡衰退期向动态平衡期的过渡期（曲线拐点）。为尽快缩短震荡期历时($T_4 \sim T_5$)，亦可考虑在前三周期加大水位波动率，在可控的低水平范围加速其影响的展布与调整释放。据初步估算，若一个周期内提高 10%的水位波动率，直线 $O_1 \sim O_3$ 斜率变大，反映在水平轴的截距可缩短约 1.5a，可有效缩短后期的震荡影响历时。

14. 根据斜坡变形的三阶段划分，结合研究区斜坡变形时变曲线的特点，将水库斜坡变形分为三类：台阶型、平滑型及复合型。其主要根据斜坡变形时变曲线的特征，研究认为，其本质是斜坡岩土体对库水波动反应的敏感性及水-岩作用导致的有利与不利结果的转化。

其中的复合型在水库区较为少见，其斜坡在变形发展过程中，由于水库初期蓄水，同时岸坡岩土体渗透性较低，其斜坡时变曲线呈平滑型特点，但随着水库多次周期性蓄水，组成岸坡岩土体的颗粒材料部分被带走，导致岸坡体渗透性变化大，后期变形时变曲线呈台阶型，斜坡变形-时间曲线总体表现为平滑型-台阶型。

参考文献

[1] 童广勤等．三峡水库蓄水后地质灾害活跃性强度指数研究［J］．人民长江，2011，42（22）：23－26.

[2] 王兰生．意大利瓦依昂水库滑坡考察［J］．中国地质灾害与防治学报，2007，18（3）：145－148.

[3] 朱伯芳．混凝土坝理论与技术新进展［M］．北京：中国水利水电出版社，2009：130－132.

[4] 艾志雄．顺层滑坡长期稳定性理论及在千将坪滑坡中的应用［M］：硕士学位论文．湖北宜昌：三峡大学，2007.

[5] 吴树仁等．地质灾害活动强度评估的原理、方法和实例［J］．地质通报，2009，28（8）：1127－1137.

[6] Leopold Müller-Salzburg（Austria）. The Vajont Catastrophe－Apersonal review［J］. Eng Geol. 1987，54（12）：21－32.

[7] Dai F C，Deng J H，Tham L G，et al. A large landslide in Zigui County，Three Gorges area［J］. Canadian Geotech. J. 2004，41（6）：1233－1240.

[8] 王思敬等．水库地区的水岩作用及其地质环境影响［J］．工程地质学报，1996，4（3）：1－9.

[9] 王士天，刘汉超，张倬元等．大型水域水岩相互作用及其环境效应研究［J］．地质灾害与环境保护，1997，8（1）：69－88.

[10] 魏进兵．水位涨落诱发水库滑坡的机制研究［D］．博士学位论文．湖北武汉：中国科学院武汉岩土力学研究所，2006.

[11] P A Lane，D V Griffiths. Assessment of Stability of Slopes Under Drawdown Conditions［J］. Journal of Geotechnical and Geoenvironmental Engineering，2000，126（5）：443－450.

[12] 刘才华，陈从新．库水位上升诱发边坡失稳机理研究 [J]．岩土力学，2005，26 (5)：769—773.

[13] 朱冬林，任光明．库水位变化下对水库滑坡稳定性影响的预测 [J]．水文地质工程地质，2002，29 (3)：6—9.

[14] 吴敏杰．特大型水库运行期间岸坡地质环境劣化效应与防治对策 [M]．硕士论文．重庆：重庆交通大学，2012.

[15] 马水山，雷俊荣，张保军．滑坡体水岩作用机制与变形机理研究 [J]．长江科学院院报，2005，22 (5)：37—39，48.

[16] 仵彦卿．地下水与地质灾害 [J]．地下空间，1999，19 (4)：303—310，316.

[17] 刘厚成，唐红梅，谷秀芝．水位降落期间土质岸坡稳定性劣化机理及趋势 [J]．重庆交通大学学报（自然科学版），2009，28 (3)：565—568.

[18] 廖红建，盛谦，高石夯，许志平．库水位下降对滑坡体稳定性的影响 [J]．岩石力学与工程学报，2005，24 (19)：3454—3458.

[19] 黄润秋，戚国庆．非饱和渗流基质吸力对边坡稳定性的影响 [J]．工程地质学报，2002，10 (4)：343—348.

[20] 谢守益，张年学，许兵．长江三峡库区典型滑坡降雨诱发的概率分析 [J]．工程地质学报，1995，3 (2)：60—69.

[21] 廖红建，俞茂宏．地下水位变化影响切坡稳定的试验研究 [J]．工程勘察，1998，(1)：33—37.

[22] 林峰，徐蓉．地下水对土坡稳定性的影响分析 [J]．地质灾害与环境保护，1999，10 (4)：41—45，66.

[23] 钟声辉．水岩体系中地下水效应与边坡稳定性研究 [J]．铁道工程学报，1999，10 (4)：86—90.

[24] Fabio Luino. Sequence of instability processes triggered by heavy rainfall in the northern Italy [J]．Geomorphology，2005，66：13—39.

[25] 唐辉明．长江三峡工程水库塌岸与工程治理研究 [J]．第四纪研究，2003，23 (6)：648—656.

[26] 尚羽，吴辉．水位快速变动下边坡稳定性分析 [J]．交通科技，2010，(6)：36—39.

[27] 白建光，许强．三峡水库塌岸演化模式研究 [J]．内蒙古农业大学学报，

2009，29（3）：108－111.

［28］杨达源，李徐生，冯立梅，姜洪涛．长江三峡库区崩塌滑块的初步研究［J］．地质力学学报，2002，8（2）：173－178.

［29］童广勤，苏爱军．改进的传递系数法［J］．长江科学院院报，2010，27（6）：43－48.

［30］龚壁卫，周小文，周武华．干—湿循环过程中吸力与强度关系研究［J］．岩土工程学报，2006，28（2）：207－209.

［31］杨和平．干湿交替环境下膨胀土的累积损伤研究［M］．硕士论文．广西南宁：广西大学，2008.

［32］莫伟伟．水位涨落及降雨条件下库岸滑坡水岩作用机理及稳定性分析［M］．硕士论文．湖北武汉：长江科学院，2007.

［33］武涛等．周期性水位波动作用下库岸滑坡稳定性分析［J］．铁道勘察，2013，39（3）：26－29.

［34］罗红明，唐辉明．库水位涨落对库岸滑坡稳定性的影响［J］．地球科学，2008，33（5）：687－692.

［35］唐辉明，章广成．库水位下降条件下斜坡稳定性研究［J］．岩土力学，2005 第 26 卷增刊：11－15.

［36］Faruk Ocakoglu，Candan Gokceoglu，Murat Ercanoglu. Dynamics of a complex mass movement triggered by heavy rainfall：a case study from NW Turkey，Geomorphology，42（2002）：329—341.

［37］Azzoni，A.，Chiesa，S.，Frassoni，A.，Govi，M.，1992. The Valpola landslide. Eng. Geol. 33，59—70.

［38］Canuti，P.，Focardi，P.，Garzonio，C. A.，1985. Correlation between rainfall and landslides. Bull. Int. Assoc. Eng. Geol. 32，49—54.

［39］Cruden，D. M.，Varnes，D. J.，1996. Landslide types and processes. In：Turner，A. K.，Schuster，R. L.（Eds.），Landslides，Investigations and Mitigations，Transportation Research Board，National Research Council，Special Report 247，pp. 36—75.

［40］Dikau，R.，Brunsden，D.，Schrott，L.，Ibsen，M.-L.，1996. Introduction. In：Dikau，R.，Brunsden，D.，Schrott，L.，Ibsen，M.-L.（Eds.），Landslide Recognation，Identification，Movement and Causes，Report No. 1 of the Europen Commission Environment Programme Contract No. EV5V— CT94— 0454. Wiley, Chichester, pp. 1—12.

[41] Ferrer, M., Ayala-Carcedo, F., 1997. Landslides in Spain: extent and assessment of the climatic susceptibility. In: Marinos, P. G., Koukis, G. C., Tsiambaos, G. C., Stournaras, G. C. (Eds.), Proc. of the Symp. on Eng. Geol. and Env., Balkema, Rotterdam, pp. 625—631.

[42] Finlay, P. J., Fell, R., Maguire, P. K., 1997. The relationship between the probability of landslide occurrence and rainfall. Can. Geotech. J. 34, 811—824.

[43] Gokceoglu, C., Aksoy, H., 1996. Landslide susceptibility mapping of the slopes in the residual soils of the Mengen region (Turkey) by deterministic stability analyses and image processing techniques. Eng. Geol. 44, 147—161.

[44] Greenway, D. R., 1987. Vegetation and slope stability. In: Anderson, M. G., Richards, K. S. (Eds.), Slope Stability— Geotechnical Engineering and Geomorphology. Wiley, Chichester, 187—230.

[45] Haigh, M. J., Rawat, J. S., Rawat, M. S., Bartarya, S. K., Rai, S. P., 1995. Interactions between forest and landslide activity along new highways in the Kumaun Himalaya. For. Ecol. Manage. 78, 173—189.

[46] Jakob, M., 2000. The impacts of logging on landslide activity at Clayoquot Sound British Columbia. Catena 38, 279—300.

[47] Koukis, G., Rozos, D., Hadzinakos, I., 1997. Relationship between rainfall and landslides in the formations of Achaia. In: Marinos, P. G., Koukis, G. C., Tsiambaos, G. C., Stournaras, G. C. (Eds.), Proc. of the Symp. on Eng. Geol. and Env., Balkema, Rotterdam, pp. 793—798.

[48] Luino, F., 1999. The flood and landslide event of November 4—6 1994 in Piedmont Region (Northwestern Italy): causes and related effects in Tanaro Valley. Phys. Chem. Earth (A) 24 (2), 123—129.

[49] Ngecu, W. M., Mathu, E. M., 1999. The El Nino. triggered landslides and their socioeconomic impacts on Kenya. Episodes 22 (4), 284—288.

[50] Paul, S. K., Bartarya, S. K., Rautela, P., Mahajan, A. K., 2000. Catastropic mass movement of 1998 monsoons at Malpa in Kali Valley Kumaun Hi-

malaya (India) . Geomorphology 35, 169—180.

[51] Polemio, M. , Sdao, F. , 1999. The role of rainfall in the landslide hazard: the case of the Avigliano urban area (Southern Apennines, Italy) . Eng. Geol. 53, 297—309.

[52] Wong, H. N. , Ho, K. K. S. , 1997. The 23 July 1994 landslide at Kwun Lung Lau, Hong Kong. Can. Geotech. J. 34, 825—840.

[53] Wu, T. H. , 1995. Slope stabilization. In: Morgan, R. P. C. , Rickson, R. J. (Eds.), Slope Stabilization and Erosion Control: A Bioengineering Approach. E&FN Spon, London, pp. 5—58.

[54] Zezere, J. L. , Ferreira, A. B. , Rodrigues, M. L. , 1999. Landslides in the North of Lisbon Region (Portugal): conditioning and triggering factors. Phys. Chem. Earth (A) 24 (10), 925—934.

[55] B. Temesgen I, M. U. Mohammed' and T. Korme. Natural Hazard Assessment Using GIS and Remote Sensing Methods, with Particular Reference to the Landslides in the Wondogenet Area, Ethiopia, Phys. Chem. Earth (C), 2001, 26 (9): 665—615.

[56] Karl-Heinz Schmidt. High-magnitude landslide events on a limestone-scarp in entral Germany: morphometric characteristics and climatic ntrols, Geomorphology, 49 (2002): 323—342.

[57] Monitoring and Prediction Department, Chinese Earthquake Administration. The character of M 8. 7 large earthquake occurred in Sumatra, Indonesia and its effect to Chinese main land seismic activity [M] . Beijing: Seismological Press, 2005: 50—67 (in Chinese).

[58] Keefer D. Landslides caused by earthquakes [J]. Bulletin of the Geological Society of America, 1984, 95: 406—421.

[59] Benda L, Dllnne T. Stochastic forcing of sediment supply to channel networks from landsliding and debris now [J]. water Resources Research, 1997, 33: 2849—2863.

[60] Chiarle M, Iannotti S, Mortara G, et al. Recent debris now occurrences associated glaciers in the Alps [J]. Global and Planetary Change, 2007, 56: 123—136.

[61] Dai F C, Ke C F, Deng J H. et al. The 1786 earthquake "gered landslide dam and subsequent dam—break nood on the River, 90th western China [J]. Geomorphology, 2005, 65: 205—221.

[62] 李德心，何思明等．前期有效降雨对滑坡启动影响分析 [J]．灾害学，2011，26 (3)：41—45.

[63] 刘艳辉，唐灿，吴剑波等．地质灾害与不同尺度降雨时空分布关系 [J]. 中国地质灾害与防治学报，2011，22 (3)：74—83.

[64] 倪化勇，王德伟．基于雨量（强）条件的泥石流预测预报研究现状、问题与建议 [J]．灾害学，2010，25 (1)：124—128.

[65] 李蕾，黄玫，刘正佳等．基于 RS 与 GIS 的毕节地区滑坡灾害危险性评价 [J]．自然灾害学报，2011，20 (2)：177—182.

[66] 高华喜，殷坤龙．降雨与滑坡灾害相关性分析及预警预报阀值之探讨 [J]．岩土力学，2007，28 (5)：1055—1060.

[67] 李媛，朱晓冬，杨冰．滑坡泥石流与降雨关系研究动态 [A]．典型地区突发性地质灾害时空预警示范区建设进展材料 [C]．北京：中国地质环境监测院，2002：16—28.

[68] 周平根，李媛．滑坡灾害预警准则及预测预报模型方法研究 [A]．国土资源大调查项目专题报告 [R]．北京：中国地质环境监测院，2002.

[69] 魏丽，单九生，章毅之，刘显耀．暴雨型滑坡灾害形成机理及预测方法研究思路 [J]．江西气象科技，第 28 卷第 3 期 2005 年 8 月

[70] 李晓．重庆地区的强降雨过程与地质灾害的关系 [J]．中国地质灾害与防治学报，1995，6 (3)：24—32.

[71] 杜榕恒．长江三峡库区滑坡与泥石流研究 [M]．四川：四川科学技术出版社，1991.

[72] Keefer, D. K., and others (1987). Real-time landslide warning system during heavy rainfall. In: Science, Vol. 238: pp. 921—925.

[73] 刘广润，徐开详．三峡水库沿岸移民区地质灾害防治研究 [J]．中国地质灾害与防治学报，2003，14 (4)：1—4.

[74] 李宪中，杨铁生，李广信．水库滑坡现象与环境因素的关系 [J]．科技导报．

[75] 许文年等．地质缺陷对坝基及滑坡稳定性影响研究．中国水利水电出版

社，2000.

[76] Dai F C，Lee C F，Ngai Y Y. Landslide risk assessment and management：an overview [J] . Engineering Geology，2002，64 (1)：65—87.

[77] Fell R，Ho K K S，Lacasse S，et al. A framework for landslide risk assessment and management [C] //Hungr O ，et al. Landslide Risk Management. London：Taylor and Francis，2005：3—26.

[78] L Picareli F O，Evans S G，Mostyn G，et al. Hazard characterization and quantification [C] //The International Conference on Landslide Risk Management 2005. Vancouver，Canada：A. A. Balkema Publishers，2005.

[79] Cascini L. Landslide hazard and risk zoning for urban planning and development [C] //R F Oldrich Hungr，Landslide Risk Management. A. A. Balkema，2005：199—235.

[80] Roberds W. Estimating temporal and spatial variability and vulnerability [C] //The International Conference on Landslide Risk Management. Vancouver，Canada：A. A. Balkema Publishers，2005.

[81] Hungr O，Corominas J，Eberhardt E. Estimating landslide motion mechanisms，travel distance and velocity [C] //Hungr O，et al. Landslide Risk Management. Taylor and Francis：London，2005：99—128.

[82] Fell R，Corominaset J，Bonnard C，et al. Guidelines for landslide susceptibility，hazard and risk zoning for land use planning [J] . Engineering Geology，2008. 102 (3/4)：85—111.

[83] Leventhal A R，Kotze G P. Landslide susceptibility and hazard mapping in Australia for land-use planning — with reference to challenges in metropolitan suburbia [J] . Engineering Geology，2008，102 (3/4)：238—250.

[84] IUGS. Quantitative risk assessment for slopes and landslides—The state of the art [C] //Landslide Risk Assessment. Rotterdam：Balkema，1997.

[85] Hungr O. Some methods of landslide hazard intemity mapping [C] // Cruden D M. Fell R. Landslide Risk Assessment. Proceedings Intemational Workshop on Landslide Risk Assessment，Honolulu，19 — 21 February 1997，Balkema，Rotterdam，1997：215—226.

[86] Cardinali M，Reichenbach P，Guzzetti F，et al. A geomorphological ap-

proach to the estimation of landslide hazards and risks in Umbria，Centralltaty U. Natural Hazards and Earth System Sciences，2002，2：57—72.

[87] 丛威青，潘懋，李铁锋等．基于GIS的滑坡、泥石流灾害危险性区划关键问题研究 [J]．地学前缘，2006，13（1）：185—190.

[88] 石菊松，石玲，吴树仁．滑坡风险评估的难点和进展 [J]．地质评论，2007，53（6）：797—806.

[89] 曾忠平，付小林，刘雪梅等．GIS支持下滑坡斜坡类型定量化及制图研究 [J]．地理与地理信息科学，2006，22（1）：22—25.

[90] 张继贤．3S支持下的滑坡地质灾害监测、评估与建模 [J]．测绘工程，2005，14（2）：1—5.

[91] 张茂省，唐亚民．地质灾害风险调查的方法与实践 [J]．地质通报，2008，27（8）：1205—1216.

[92] 罗元华，张梁，张业成．地质灾害风险评估方法 [M]．北京：地质出版社，1998：76—116.

[93] 陈报章，仲崇庆．自然灾害风险损失等级评估的初步研究 [J]．灾害学，2010，25（3）.

[94] 苏桂武，高庆华．自然灾害风险的分析要素 [J]．地学前缘（中国地质大学，北京)，第10卷特刊2003年8月．

[95] 徐向阳，刘俊．水旱灾害损失评估系统．灾害学，第14卷第1期，1999年3月．

[96] 王绍玉．城市灾害应急管理能力建设 [J]．城市与减灾，2003年3月．

[97] Shi Peijun，Du Juan et al. Urban Risk Assessment Research of Major Natural Disasters in China [J]，Advances in Earth Science，Vol. 21，No. 2，Feb.，2006.

[98] Editor group of "Urban Development Report of China"，Chinese Mayor Association. 2003－2004 Urban Development Report of China [M]．Beijing：Electronic Industry Press，2005.

[99] Cutter S. Vulnerability to environmental hazards [J]．Progress in Human Geography，1996，20（4）：529—539.

[100] Hossain S M N. Assessing Human Vulnerability due to Environmental Change：Concepts and Assessment Methodologies [D]．Stockholm：Department

of Civil and Environmental Engineering Royal Institute of Technology, 2001.

[101] Ben Wisner, Piers Blaikie, Terry Cannon, et al. At Risk Second Ediction [M]. New York: Routledge, 2003.

[102] Arthue Lerner-Lam. Global natural disaster risk hotspots: Transition to a regional approach [C] // Shi Peijun et al., eds. Proceedings of the Fifth Annual ILASA-DPRI Forumon Integrated Disaster Risk Management. Beijing: Beijing Normal University, 2005.

[103] Jie Yin, Zhane Yin. Progress in Multi—hazard Comprehensive Risk Assessment [J], Chinese Perspective on Risk Analysis and Crisis Response (RAC—2010).

[104] J. C. Verreiren, C. C. Watson. New technology for improved risk assessment in the Caribbean.

[105] Disaster Management, 6 (4): 191, 1994.

[106] European Commission, EU Strategy for Disaster Risk Reduction in Developing Countries, 1—13, 2008.

[107] U. G. Remy. Transboundary Risks: How Govemmental and NonGovemmental Agencies Work Together. Risk and Govemance, Program of World Congress on Risk, June, 22—25, 2003.

[108] 石松菊，石玲，吴树仁等．滑坡风险评估的难点和进展 [J]．地质评论，2007，53 (6)：797—806.

[109] 张梁，罗元华．地质灾害灾情评估理论与实践 [M]．北京：地质出版社，1998.

[110] 王秀英．地震滑坡灾害快速评估技术及对应急影响研究 [J]．岩石力学与工程学报，2010，29 (10)：25—31.

[111] 王启亮，孟朝霞．地震滑坡风险分析研究 [J]．中国地质灾害与防治学报，2010，21 (3)：14—16.

[112] 乔建平，王萌．滑坡风险的类型与层次链 [J]．工程地质学报．

[113] 国土资源部．三峡库区地质灾害防治总体规划 [M]．北京：2001，10.

[114] Fell R. Landslide risk assessment and acceptable risk [J]. International Journal of Rock Mechanics and Mining Science & Geomechanics Abstracts, 1994, 31 (5): 250—250.

[115] Remondo J, Bonachea J, Cendrero A. Quantitative landslide risk assessment and mapping on the basis of recent occurrences [J]. Geomorphology, 2008, 94 (3/4): 496—507.

[116] Carrara A, Pike R J. GIS technology and models for assessing landslide hazard and risk [J]. Geomorphology, 2008, 94 (3/4): 257—260.

[117] Chau K T, Sze Fung Y L, Wong M K, et al. Landslide hazard analysis for Hong Kong using landslide inventory and GIS [J]. Computers & Geosciences, 2004. 30 (4): 429—443.

[118] van Westen C J, Castellanos E, Kuriakose S L. Spatial data for landslide susceptibility, hazard, and vulnerability assessment: An overview [J]. Engineering Geology, 2008, 102 (3/4): 112—131.

[119] Corominas J, Moya J. A review of assessing landslide frequency for hazard zoning purposes [J]. Engineering Geology, 2008, 102 (3/4): 193—213.

[120] 彭涛，徐刚，夏大庆．三峡库区地质灾害发展趋势及其减灾对策 [J]．山地学报，2004，22 (6)：719—724.

[121] 张业明等．滑坡变形对三峡水库蓄水的响应．"十二五"地质成果汇编.

[122] 张信宝．三峡水库库岸地质灾害防治之我见．水土保持通报，2010 年第 1 期．

[123] 黄润秋．汶川地震地质灾害后效应分析 [J]．工程地质学报，2011，19 (2)：145—151.

[124] 刘传正，张明霞．关于地质灾害发育规律和减灾对策的思考 [J]．中国地质灾害与防治学报，1994，5 (4) 14—18.

[125] 陶舒，胡德，赵文吉等．基于信息量与逻辑回归模型的次生滑坡灾害敏感性评价——以汶川县北部为例 [J]．地理研究，2010，29 (9)：1594—1605.

[126] 黄润秋，王运生，裴向军等．4.20 芦山 Ms7.0 级地震地质灾害特征 [J]．西南交通大学学报，2013，48 (4)：581—589.

[127] 姜永东，鲜学福，杨钢等．层状岩质边坡失稳的尖点突变模型 [J]．重庆大学学报，2008，31 (6)：677—682.

[128] 唐红梅，刘厚成，陈洪凯．基于尖点突变模型的三峡库区岸坡稳定性演化 [J]．第十一次全国岩石力学与工程学术大会论文集．

[129] 徐千军，陆杨．干湿交替对边坡长期安全性的影响 [J]．地下空间与工

程学报，2005，1（7）：1021—1024.

［130］姚华彦，张振华，朱朝辉等．干湿交替对砂岩力学特性影响的试验研究［J］．岩土力学，2010，31（12）：3704—3714.

［131］倪卫达，刘晓，夏浩．基于水致弱化效应的库岸边坡动态稳定研究［J］．人民长江，2013，44（23）：55—59.

［132］刘新荣，傅 晏，王永新．（库）水－岩作用下砂岩抗剪强度劣化规律的试验研究［J］．岩土工程学报，2008，30（9）：1298—1302

［133］谢鉴衡．河床演变及整治［M］．北京：中国水利水电出版社，1989：13—36.［Xie Jianheng. Fluvial process and river regulation［M］. Beijing：China WaterPower Press，1989：13—36.（in Chinese）］.

［134］段金曦，段文忠，朱矩蓉等．岸滩崩塌与稳定分析［J］．武汉大学学报：工学版，2004（12）：17—21.［Duan Jinxi，Duan Wenzhong，Zhu Jurong，et al. Analysis of river bank sloughing and stability［J］. Engineering Journal of Wuhan University，2004（12）：17—21.（in Chinese）］.

［135］Davis L，Harden C P. Factors contributing to bank stability in channelized，alluvial streams［J］. River Research and Applications，2012，30（1）：71—80.

［136］Osman A M，Thorne C R. River bank stability analysis：Ⅰ：Theory［J］. Journal of Hydraulic Engineering，ASCE，1998，114（2）：134—150.

［137］Nagata N，Hosoda T，Muramoto Y. Numerical analysis of river channel processes with bank erosion［J］. Journal of Hydraulic Engineering，ASCE，2000，126（4）：243—252.

［138］Darby S E，Thorne C R. Development and testing of river bank-stability analysis［J］. Journal of Hydraulic Engineering，ASCE，1995，122（8）：443—454.

［139］赵业安，周文浩．黄河下游河道演变基本规律研究综述［J］．人民黄河，1996（9）：4—9.

［140］王萍，蒋汉朝，袁道阳等．兰州黄河Ⅱ和Ⅲ级阶地的地层结构、年龄及环境意义［J］．第四纪研究，2008，28（4）：553—563.

［141］余文畴．长江河道认识与实践［M］．北京：中国水利水电出版社，2013：3—8.

［142］侍倩．土力学［M］．武汉：武汉大学出版社，2004：176—200.

[143] 余明辉，申康，吴松柏等．水力冲刷过程中塌岸淤床交互影响试验 [J]. 水科学进展，2013，24 (5)：684—691.

[144] 张幸农，应强，陈长英等．江河崩岸的概化模拟试验研究 [J] ．水利学报，2009，40 (3)：263—267.

[145] Thorne C R，Osman A M. River Bank Stability Analysis ：Ⅱ：Application [J] . Journal of Hydraulic Engineering，ASCE，1998，114 (2)：151—172.

[146] Fukuoka Shoji. 自然岸滩冲蚀过程的机理 [J] ．水利水电快报，1996 (2)：29—34.

[147] 王延贵．冲击河流岸滩崩塌机理的理论分析及试验研究 [D] ．北京：中国水利水电科学研究院，2003.

[148] 余明辉，郭晓．崩塌体水力输移与塌岸淤床交互影响试验 [J] ．水科学进展，2014，25 (5)：677—683.

[149] Engineering，ASCE，1998，114 (2)：134—150.

[150] 李典庆，吴帅兵．考虑时间效应的滑坡风险评估和管理 [J] ．岩土力学，2006，27 (12)：2239—2245.

[151] 许强，汤明高，徐开祥，黄学斌．滑坡时空演化规律及预警预报研究 [J] ．岩石力学与工程学报，第 27 卷第 6 期，2008 年 6 月．

[152] 肖诗荣，胡志宇等．三峡库区水库复活型滑坡分类 [J] ．长江科学院院报，2013，30 (11) ．

[153] 中村浩之．论水库滑坡 [J] ．水土保持通报，1990，10 (1) ．

[154] 王明华，晏鄂川．水库蓄水对库岸滑坡的影响研究 [J] ．岩土力学，2007，28 (12)：2722—2725.

[155] 张楠，许模．水库库岸滑坡成因机制研究 [J] ．甘肃水利水电技术，2011，47 (1) ．

[156] 徐茂其，张大泉．斜坡稳定性综合评价探讨 [M] ．中国岩石力学与岩土工程学会，自然边坡稳定性分析暨华蓥山边坡变形研讨会论文集. 北京：地震出版社，1992 年．

[157]《水利水电工程地质勘察规范》(GB50287—99).

[158] 蔡耀军，崔政权，R. Cojean. 水库诱发岸坡变形失稳的机理 [C] //第六次全国岩石力学与工程学会大会论文集．北京：中国科学技术出版社，2000：618—622.

[159] 冯文凯，石豫川．库水作用下公路岩质岸坡稳定性影响因素综合评判 [J]．地质灾害与环境保护，2005，16（4）：371—375.

[160] Geo Report No. 126. Interim Review of Pilot Applications of Quantitative Risk Assessment to Landslide Problems in Hong Kong [R]．September 2001.

[161] Dikau，R.，Brunsden，D.，Schrott，L.，Ibsen，M.—L.，1996. Introduction. In：Dikau，R.，Brunsden，D.，Schrott，L.，Ibsen，M.—L.（Eds.），Landslide Recognation，Identification，Movement and Causes，Report No. 1 of the Europen Commission Environment Programme Contract No. EV5V—CT94—0454. Wiley，Chichester，pp. 1—12.

[162] Riemer W. Landslides and reservoirs（keynote paper）[A]．In：Proceedings of the 6th International Symposium on Landslides [C]．Christchurch：[s. n.]，1992，1373—2004.

[163] Committee on Reservoir Slope Stability. Reservoir Landslides：Investigation and Management [R]．Paris：International Commission on Large Dams（ICOLD），2002.

[164] Hendron A J，Patton F D. The Vaiont slide—a geotechnical analysis based on new geologic observations of the failure surface [R]．Washington D. C.：US Army Corps of Engineers，1985.

[165] Lane K S. Stability of reservoir slopes [A]．In：Proc. 8th Symp. on Rock Mechanics [C]．[s. l.]：[s. n.]，1967，321—336.

[166] Koukis，G.，Rozos，D.，Hadzinakos，I.，1997. Relationship between rainfall and landslides in the formations of Achaia. In：Marinos，P. G.，Koukis，G. C.，Tsiambaos，G. C.，Stournaras，G. C. Eds.），Proc. of the Symp. on Eng. Geol. and Env.，Balkema，Rotterdam，pp. 793—798.

[167] Delwyn G，Fredlund，Harianto Rahardjo. Soil Mechanics for Unsaturated Soils（陈仲颐、张在明等译）. 北京：中国建筑工业出版社，1997.

[168] Griffiths D V，Lame P A. Slope Stability Analysis by Finite Elements [J]. Geotechnique，1999，49（3）：387—403.

[169] 吴树仁，石菊松，张春山等．地质灾害风险评估技术指南初论 [J]．地质通报，2009，28（8）：995—1005.

[170] 高文杰．基于灰色-Markov 链的地质灾害频数预测研究 [J]．高等职业

教育——天津职业大学学报，第 19 卷第 4 期，2010 年 8 月.

[171] 姜昊，灰色马尔可夫预测模型在台风诱发灾害研究中的应用 [M]. 中国海洋大学硕士论文，2009.

[172] 崔媛. 灰色-周期外延组合模型在地质灾害频数预测中的应用 [J]. 扬州职业大学学报，第 15 卷第 1 期，2011 年 3 月.

[173] 郑泽权，谢平，蔡伟. 小波变换在非平稳水文时间序列分析中的初步应用 [J]. 水电能源科学，2001，19，(3).

[174] 于福荣，王友贺. 频谱分析法在郑州市降水量预报中的应用 [J]. 人民长江，第 43 卷第 10 期，2012 年 5 月.

[175] 冯霞，石超. 基于傅里叶变换的频谱分析法在 X 射线轮胎检测中的应用 [J]. CT 理论与应用研究，第 23 卷第 3 期，2014 年 5 月（453—458）.

[176] 武松，潘发明等. SPSS 统计分析大全 [M]. 清华大学出版社，2015 年.